한식
조리기능사
실기

이현경, 김정여 공저

다락원

혼자공부비법으로 합격을 원하는
예비 조리기능사들을 응원하며…

"더 빠르게 더 쉽게 그리고 완벽한 기능습득으로
원큐에 패스하기"

요리하기 위해 들어간 부엌에서 하얀 접시를 발견한다. 냉장고에서 재료를 꺼내 그 접시 위에 놓는다. 재료만 봐서는 어떤 요리가 될지 상상할 수 없다. 그러나 이것만은 확실하다. 요리하는 사람의 숙련도와 좋은 재료에 따라 완성도와 맛은 달라질 것이다. 조리기술도 마찬가지다. 조리기능사를 준비하는 수험생들이 아직 채워지지 않은 접시를 어떻게 채울지는 어떻게 공부하냐에 달려있다.

이 책은 아직 채워지지 않은 수험생들을 제대로 이끌어 보고자 준비하였다. 치열하게 나날이 발전하는 조리세계에서 자신감의 첫걸음이 될 수 있는 한식조리기능사 자격을 더 빠르게, 더 쉽게, 그리고 완벽하게 습득하여 단번에 합격하기를 바란다.

'노력은 배신하지 않는다.
그러나 꿀팁이 있다면 노력도 즐겁다.'

처음 요리를 시작하면 재료 손질법부터 양념, 썰기 등 배워야 할 것도 많고 어렵다. 뭐든지 그냥 얻어지는 것은 없다. 하지만 노력은 배신하지 않는다. 그러나 그 노력이 때로는 힘이 든다.

But! 지금 이 책을 보고 있는 주인공인 당신! 당신은 이 책을 통해 즐겁고 쉽게 배울 수 있다. 저자의 다년간의 노하우와 연구를 통해 축적한 다양한 꿀팁이 대방출되었다!! 책과 동영상을 보며 공부한다면 혼자서도 즐겁게, 단번에 합격할 수 있다.

'행복한 요리~, 즐거운 요리를 하자!'

요구사항과 시간에 쫓겨 시험을 치르고 합격을 기다려야 하는 초조함…, 생각만 해도 NO~NO~. 그래도 겪어야 한다면 즐겁게 준비하자. 즐기는 자를 따라갈 수는 없는 법! 비록 시험은 규격에 맞춰 순서를 지켜야 하는 스트레스 유발자이지만, 요리를 시험이 아닌 사랑하는 사람에게 주려고 만든다고 생각하자. 치열하지만 즐겁고 행복하게 긍정적인 마음을 갖고…. 동영상을 보면 절로 노래가 나오고 행복바이러스가 전파될 것이다. 스트레스 없는 배움이 시작된다. 그러면 그 마음이 요리에 반드시 나타날 것이다.

'모두가 합격하는 그날까지!'

지금까지 나왔던 어떤 수험서보다도 가장 자세하고, 채점기준을 완벽하게 반영하였다고 자부한다. 저자는 계속적으로 시험기준을 꼼꼼하게 분석하고 앞서 연구하고 노력할 것이다. 그리고 이 길을 수험생들과 함께 걸어 모두가 합격하는 그날까지 최선을 다하겠다.
힘들지만 행복한 길을 택한 멋진 수험생들을 언제나 응원하며, 모두의 합격을 기원한다.

이 책의 활용법

1 시험시간 체크!
쉬운 것부터 차근차근 학습한다!

2 동영상 QR코드!
각 과제별 동영상을 바로 볼 수 있다!

3 크게보자! 완성작!
시간 안에 담는 것만큼 예쁘게 담는 것도 중요하다!

4 자주 출제되는 짝꿍과제!
출제되는 두 과제는 시험시간에 따라 결정된다. 함께 연습하여 손에 익히자!

5 꼭꼭 체크 요구사항!
규격, 제출량 등 요구사항을 반드시 암기하자!

25분 **1**

2 너비아니구이

3

🍳 **4** 짝꿍과제

무생채 15분	22p
장국죽 30분	86p
완자탕 30분	103p
생선찌개 30분	99p
오징어볶음 30분	96p
생선전 25분	65p

❌ 요구사항 **5**

❶ 완성된 너비아니는 0.5cm × 4cm × 5cm로 하시오.
❷ 석쇠를 사용하여 굽고, 6쪽 제출하시오.
❸ 잣가루를 고명으로 얹으시오.

72 한식조리기능사 실기

🍲 조리준비

조리 시작 전 양념과 썰기 방법을 숙지할 수 있습니다.

🍲 시험안내

정확한 시험 정보를 안내합니다.

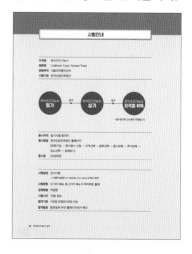

과정 한눈에 보기 **6**

재료 세척 → 배즙 → 재료 썰기 → 간장양념에 재우기 → 석쇠 굽기 → 완성

재료 **7**

소고기(안심 또는 등심, 덩어리로) 100g
배(50g) 1/8개 / 잣(깐 것) 5개
대파(흰부분, 4cm) 1토막 / 마늘(중, 깐 것) 2쪽

검은후춧가루 2g / 흰설탕 10g / 깨소금 5g
진간장 50ml / 식용유 10ml / 참기름 10ml

만드는 법 **8**

1 배는 껍질을 벗긴 후 강판에 갈고, 면포에 짜서 배즙을 만든다.
잠깐! 강판이 없다면 후 다진 면포에 짜서 사용하세요.

2 파, 마늘은 곱게 다진다.

3 소고기는 핏물을 제거한 후 결반대 방향으로 0.4×5×6cm로 썬다.
잠깐! 고기는 수축하므로 조금 크게 자르세요.

4 썬 소고기는 칼등으로 자근자근 두들긴 다음 배즙 1큰술에 재운다.
잠깐! 배즙은 간장양념에만 넣어도 돼요.

9

---

6 ## 과정 한눈에 보기
전체 과정을 한눈에 보고
작업 순서를 이해하자!

7 ## 재료 잘 챙기기!
재료를 꼼꼼히 암기해 시험장에서
빠트리지 않기!

8 ## 상세한 요리 과정!
사진을 따라가면 요리 과정이 한눈에
읽힌다!

9 ## 저자의 팁!
좀 더 쉽게, 좀 더 정확하게,
저자가 주는 팁을 참고하자!

혼공비법 실전 10가지

두 과제를 제한 시간 안에 할 수 있는
비법을 제시합니다.

레시피 요약

점선을 따라 잘라 활용하는 레시피
요약집을 제공합니다.

재료 실사 카드

한 눈에 보는 규격 암기용 재료
실사 카드를 제공합니다.

실기시험 합격비법

1 재료는 씻으면서 처음부터 나눠놓기

두 가지 과제를 한꺼번에 진행해서 재료가 헷갈릴 수 있어요.
지급재료가 아닌 재료사용은 오작입니다.
재료를 씻으면서 접시를 두 개 놓고 각각의 과제에 따른 지급재료를 따로 분리하세요.
여기서 잠깐! 공통 재료가 있다면 처음부터 자르거나 나눠서 다른 재료라고 생각하고 사
용하세요.

2 데치기, 육수내기, 절이기가 가장 먼저

과제에 데치기, 육수내기, 절이기가 있다면 그건 '가장 먼저 해야 할 일'로 꼭 기억하세요.
이 중에서 2가지 이상이 겹친다면,
① 데칠 물 올리고 ② 육수내고 ③ 절이기 순으로 진행하세요.

3 도마에서는 흰 재료부터 진한 색으로 진행하기

도마를 계속 헹구면서 사용하면 시간이 아까워요.
도마 사용은 마늘, 양파, 파부터 시작해서 마지막에 소고기로 끝나도록 재료의 색에 유의
해서 순서를 정해 손질하세요.

4 국물을 같이 내거나 면 요리, 생채는 나중에 완성하기

국물요리나 면 요리는 미리 만들면
내용물이 불어 요구사항보다 더 크게 보이거나 지저분해 질 수 있어요.
생채 또한 물이 생겨 좋지 않습니다.
따라서 국물을 같이 내는 요리나 면 요리, 생채는 다른 과제를 완성하고
마지막에 완성한다고 생각하고 진행하세요.

5 팬 작업은 준비해서 한꺼번에 진행하기

냄비를 사용하다가 팬 사용하고 또 냄비 사용하고 한다면 계속 팬과 냄비를 씻게 되어
시간낭비, 작업순서가 꼬일 수 있어요.
냄비를 먼저 사용하고 팬은 재료를 모두 손질해서 한꺼번에 진행하세요.

6 주변사람들에게 휘둘리지 말기

주변에서 빠르게 진행해도 내 갈 길만 가면 됩니다.
나와 방법을 다르게 하는 사람을 따라가다 오히려 잘못되면 감점될 수 있어요.
자신을 믿고 자신이 익힌 순서로 진행하세요.

7 재료는 필요한 만큼만 사용하기

과제에 따라 재료가 필요한 것보다 많이 나오는 경우가 있어요.
모든 재료를 손질하면 시간이 부족해요.
연습할 때 필요한 재료의 양을 확인하고 실전에 적용하세요.

8 도마 위에는 두 가지 이상의 재료를 올리지 않기

빠르게 진행한다고 도마 위에 여러 재료를 놓고 손질하면 볼 때마다 감독위원에게 점수가
감점됩니다.

9 순서가 기억나지 않는다면 행주를 빨거나 파, 마늘 다지기

긴장이 돼서 순서가 생각이 나지 않아요.
그럴 땐 행주를 빨거나 파, 마늘을 다지면서 마음을 가다듬고 순서를 생각하는 시간을 가
지세요.
행주 빨면 위생 up! 파, 마늘은 한식조리기능사 과제 80% 이상에 다져서 들어가요~! 릴
렉스~!

10 실수해도 자신감 있게

사람은 누구나 실수합니다.
작은 실수로 포기하기보다 끝까지 최선을 다해서 마무리 하세요.
좋은 결과가 있을 거에요.
노력은 배신하지 않고, 즐기는 자를 이기지 못합니다. 파이팅!!!

한 눈에 보기

차례

조리준비

양념정복
실기에 나오는 썰기 방법

과제	양념	예외
육회, 섭산적, 표고전, 풋고추전, 완자탕, 육원전,	소금, 설탕, 파, 마늘, 깨소금, 후추, 참기름	
홍합초	간장 1T, 설탕 1T, 물 1/4컵	
두부조림	간장 1T, 설탕, 파, 마늘, 깨소금, 후추, 참기름, 물 1/2컵	
너비아니구이	간장 1T, 설탕, 파, 마늘, 깨소금, 후추, 참기름, 배즙	
오징어볶음	고추장 2T, 고춧가루 2t, 간장, 설탕, 마늘, 생강, 깨소금, 후추, 참기름	
도라지생채	고추장 1T, 고춧가루 1t, 식초, 설탕, 파, 마늘, 깨소금	
더덕생채	고춧가루, 식초, 설탕, 파, 마늘, 깨소금	
무생채	고춧가루, 소금, 생강, 식초, 설탕, 파, 마늘, 깨소금	
구이류 유장 (북어구이, 생선양념구이, 더덕구이)	참기름 1T, 간장 1t	
북어구이, 생선양념구이, 더덕구이	고추장 2T, 설탕, 파, 마늘, 깨소금, 후추, 참기름	더덕구이 후추 제외

제육구이	**고추장 2T, 설탕, 파, 마늘, 깨소금, 후추, 참기름, 생강**	
잡채당면 표고전 표고	**간장, 설탕, 참기름**	
소고기양념장, 표고양념장, 고사리양념장	**간장, 설탕, 파, 마늘, 깨소금, 후추, 참기름**	장국죽 설탕제외
숙주양념 석이양념	**소금, 참기름**	
겨자소스 (겨자채)	**겨자 1T, 발효 후 식초 1T, 설탕 1T, 소금, 간장, 물**	
초고추장 (미나리강회)	**고추장 1t, 식초 1t, 설탕 1t**	

채썰기

비빔밥, 칠절판, 탕평채, 잡채

골패썰기

겨자채,
미나리강회

마름모썰기

완자탕

나박썰기

보쌈김치
(2020년 품목제외)

편썰기

홍합초

기둥썰기

화양적,
지짐누름적

밤톨깎기

돼지갈비찜
(2020년 품목제외)

어슷썰기

오징어볶음

반달썰기

생선찌개

한식조리기능사
실기
시험안내

시험안내
─────
합격률
─────
작업형 실기시험 기본정보
─────
위생상태 및 안전관리 세부기준 안내
─────
수험자 지참 준비물
─────
수험자 유의사항

시험안내

자격명	한식조리기능사
영문명	Craftman Cook, Korean Food
관련부처	식품의약품안전처
시행기관	한국산업인력공단

* 필기합격은 2년 동안 유효합니다.

응시자격	필기시험 합격자
응시방법	한국산업인력공단 홈페이지 [회원가입 → 원서접수 신청 → 자격선택 → 종목선택 → 응시유형 → 추가입력 → 장소선택 → 결제하기]
응시료	26,900원

시험일정	상시시험 * 자세한 일정은 Q-net(http://q-net.or.kr)에서 확인
시험문항	33가지 메뉴 중 2가지 메뉴가 무작위로 출제
검정방법	작업형
시험시간	70분 정도
합격기준	100점 만점에 60점 이상
합격발표	발표일에 큐넷 홈페이지에서 확인

●합격률

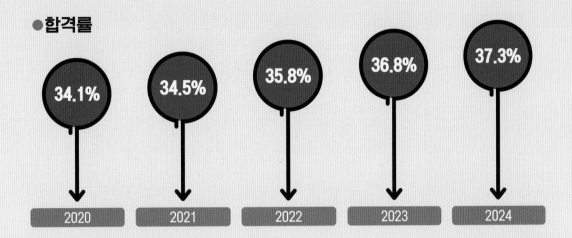

2020	2021	2022	2023	2024
34.1%	34.5%	35.8%	36.8%	37.3%

●작업형 실기시험 기본정보

안전등급(safety Level) : 4등급

시험장소 구분	실내
주요시설 및 장비	가스레인지, 칼, 도마 등 조리기구
보호구	긴소매 위생복, 앞치마, 안전화(운동화) 등

★ 보호구(긴소매 위생복, 안전화(운동화) 등) 착용, 정리정돈 상태, 안전사항 등이 채점 대상이 될 수 있습니다. 반드시 수험자 지참 공구 목록을 확인하여 주시기 바랍니다.

위생복 상의	• 전체 흰색, 손목까지 오는 긴소매 – 조리과정에서 발생 가능한 안전사고(화상 등) 예방 및 식품위생(체모 유입방지, 오염도 확인 등) 관리를 위한 기준 적용 – 조리과정에서 편의를 위해 소매를 접어 작업하는 것은 허용 – 부직포, 비닐 등 화재에 취약한 재질이 아닐 것, 팔토시는 긴팔로 불인정 • 상의 여밈은 위생복에 부착된 것이어야 하며 벨크로(일명 찍찍이), 단추 등의 크기, 색상, 모양, 재질은 제한하지 않음(단, 핀 등 별도 부착한 금속성은 제외)
위생복 하의	• 색상·재질무관, 안전과 작업에 방해가 되지 않는 발목까지 오는 긴바지 – 조리기구 낙하, 화상 등 안전사고 예방을 위한 기준 적용
위생모	• 전체 흰색, 빈틈이 없고 바느질 마감처리가 되어 있는 일반 조리장에서 통용되는 위생모(모자의 크기, 길이, 모양, 재질(면·부직포 등)은 무관)
앞치마	• 전체 흰색, 무릎 아래까지 덮이는 길이 – 상하일체형(목끈형) 가능, 부직포·비닐 등 화재에 취약한 재질이 아닐 것
마스크 (입가리개)	• 침액을 통한 위생상의 위해 방지용으로 종류는 제한하지 않음 (단, 감염병 예방법에 따라 마스크 착용 의무화 기간에는 '투명 위생 플라스틱 입가리개'는 마스크 착용으로 인정하지 않음)
위생화 (작업화)	• 색상 무관, 굽이 높지 않고 발가락·발등·발뒤꿈치가 덮여 안전사고를 예방할 수 있는 깨끗한 운동화 형태
장신구	• 일체의 개인용 장신구 착용 금지(단, 위생모 고정을 위한 머리핀 허용)
두발	• 단정하고 청결할 것, 머리카락이 길 경우 흘러내리지 않도록 머리망을 착용하거나 묶을 것
손/손톱	• 손에 상처가 없어야 하나, 상처가 있을 경우 보이지 않도록 할 것(시험위원 확인 하에 추가 조치 가능) • 손톱은 길지 않고 청결하며 매니큐어, 인조손톱 등을 부착하지 않을 것
폐식용유 처리	• 사용한 폐식용유는 시험위원이 지시하는 적재장소에 처리할 것
교차오염	• 교차오염 방지를 위한 칼, 도마 등 조리기구 구분 사용은 세척으로 대신하여 예방할 것 • 조리기구에 이물질(테이프 등)을 부착하지 않을 것
위생관리	• 재료, 조리기구 등 조리에 사용되는 모든 것은 위생적으로 처리하여야 하며, 조리용으로 적합한 것일 것
안전사고 발생 처리	• 칼 사용(손 빔) 등으로 안전사고 발생 시 응급조치를 하여야 하며, 응급조치에도 지혈이 되지 않을 경우 시험진행 불가
눈금표시 조리도구	• 눈금표시된 조리기구 사용 허용(실격 처리되지 않음, 2022년부터 적용) (단, 눈금표시에 재어가며 재료를 쓰는 조리작업은 조리기술 및 숙련도 평가에 반영)
부정 방지	• 위생복, 조리기구 등 시험장 내 모든 개인물품에는 수험자의 소속 및 성명 등의 표식이 없을 것(위생복의 개인 표식 제거는 테이프로 부착 가능)
테이프 사용	• 위생복 상의, 앞치마, 위생모의 소속 및 성명을 가리는 용도로만 허용

* 위 내용은 안전관리인증기준(HACCP) 평가(심사) 매뉴얼, 위생등급 가이드라인 평가 기준 및 시행상의 운영사항을 참고하여 작성된 기준입니다.

수험자 지참 준비물

※ 2025년 기준. 큐넷 홈페이지[국가자격시험 〉실기시험 안내 〉수험자 지참 준비물]에서 최신 자료를 확인하세요.

☐ 가위 1ea

☐ 강판 1ea

☐ 계량스푼 1ea

☐ 계량컵 1ea

☐ 국대접(기타 유사품 포함) 1ea

☐ 국자 1ea

☐ 냄비★ 1ea

☐ 도마★(흰색 또는 나무도마) 1ea

☐ 뒤집개 1ea

☐ 랩 1ea

☐ 마스크★ 1ea

☐ 면포/행주(흰색) 1장

☐ 밀대 1ea

☐ 밥공기 1ea

☐ 볼(bowl) 1ea

☐ 비닐백(위생백, 비닐봉지 등 유사품 포함) 1장

☐ 상비의약품(손가락골무, 밴드 등) 1ea

☐ 석쇠 1ea

☐ 쇠조리(혹은 체) 1ea

☐ 숟가락(차스푼 등 유사품 포함) 1ea

☐ 앞치마★(흰색, 남녀공용) 1ea

☐ 위생모★(흰색) 1ea

☐ 위생복★(상의–흰색, 긴소매 / 하의–긴바지, 색상 무관) 1벌

☐ 위생타올(키친타올, 휴지 등 유사품 포함) 1장

☐ 이쑤시개(산적꼬치 등 유사품 포함) 1ea

☐ 접시(양념접시 등 유사품 포함) 1ea

☐ 젓가락 1ea

☐ 종이컵 1ea

☐ 종지 1ea

☐ 주걱 1ea

☐ 집게 1ea

☐ 칼(조리용칼, 칼집포함) 1ea

☐ 호일 1ea

☐ 후라이팬(원형 또는 사각으로 바닥이 평평하며 특수 모양 성형이 없을 것 예 오믈렛 펜)★ 1ea

★ 시험장에도 준비되어 있음(도마 고정 보조용품(실리콘 등) 사용가능)

★ 위생복장(위생복, 위생모, 앞치마, 마스크)을 착용하지 않을 경우 채점대상에서 제외(실격)됩니다.

– 지참준비물의 수량은 최소 필요수량이므로 수험자가 필요시 추가 지참 가능

– 지참준비물은 일반적인 조리용으로 기관명, 이름 등 표시가 없는 것

– 지참준비물 중 수험자 개인에 따라 과제를 조리하는데 불필요하다고 판단되는 조리기구는 지참하지 않아도 무방

– 지참준비물 목록에는 없으나 조리에 직접 사용되지 않는 조리 주방용품(수저통 등)은 지참 가능

– 수험자지참준비물 이외의 조리기구를 사용한 경우 채점대상에서 제외(실격)

수험자 유의사항

1 만드는 순서에 유의하며, 위생과 숙련된 기능평가를 위하여 조리작업 시 맛을 보지 않습니다.

2 지정된 수험자지참준비물 이외의 조리기구나 재료를 시험장 내에 지참할 수 없습니다.

3 지급재료는 시험 전 확인하여 이상이 있을 경우 시험위원으로부터 조치를 받고 시험 중에는 재료의 교환 및 추가지급은 하지 않습니다.

4 요구사항 및 지급재료의 규격은 "정도"의 의미를 포함하며, 재료의 크기에 따라 가감하여 채점됩니다.

5 위생복, 위생모, 앞치마, 마스크를 착용하여야 하며, 시험장비·조리기구 취급 등 안전에 유의합니다.

6 다음 사항은 실격에 해당하여 채점 대상에서 제외됩니다.
① 수험자 본인이 시험 도중 시험에 대한 포기 의사를 표현하는 경우
② 위생복, 위생모, 앞치마, 마스크를 착용하지 않은 경우
③ 시험시간 내에 과제 두 가지를 제출하지 못한 경우
④ 문제의 요구사항대로 과제의 수량이 만들어지지 않은 경우
⑤ 완성품을 요구사항의 과제(요리)가 아닌 다른 요리(예 달걀말이→달걀찜)로 만든 경우
⑥ 불을 사용하여 만든 조리작품이 작품특성에서 벗어나는 정도로 타거나 익지 않은 경우
⑦ 해당과제의 지급재료 이외 재료를 사용하거나, 요구사항의 조리기구(석쇠 등)로 완성품을 조리하지 않은 경우
⑧ 지정된 수험자지참준비물 이외의 조리기술에 영향을 줄 수 있는 기구를 사용한 경우
⑨ 가스레인지 화구 2개 이상(2개 포함) 사용한 경우
⑩ 시험 중 시설·장비(칼, 가스레인지 등) 사용 시 시험위원 및 타수험자의 시험 진행에 위해를 일으킬 것으로 시험위원 전원이 합의하여 판단한 경우
⑪ 요구사항에 표시된 실격 및 부정행위에 해당하는 경우

7 항목별 배점은 위생상태 및 안전관리 5점, 조리기술 30점, 작품의 평가 15점입니다.

8 시험시작 전 가벼운 몸 풀기(스트레칭) 동작으로 긴장을 풀고 시험을 시작합니다.

한식조리기능사
실기 과제

33가지의 과제 중 2가지 과제가 선정됩니다.
주어진 시간 내에 2가지 과제를 만들어 제출하세요.

※ 과제별 레시피는 수험자의 편의를 위해 가능한 한 자세히 기술하였습니다.

무생채

짝꿍과제

비빔밥 50분	141p
화양적 35분	120p
지짐누름적 35분	124p
칠절판 40분	137p
생선양념구이 30분	83p
너비아니구이 25분	72p

요구사항

❶ 무는 0.2cm × 0.2cm × 6cm로 썰어 사용하시오.
❷ 생채는 고춧가루를 사용하시오.
❸ 무생채는 70g 이상 제출하시오.

🍲 과정 한눈에 보기

재료 세척 → 재료 썰기 → 고춧가루 물들이기 → 양념 버무리기 → 완성

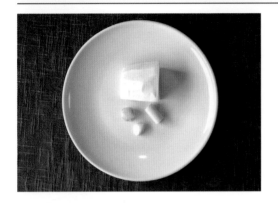

🥗 재료

무(길이 7cm) 120g / **대파**(흰부분, 4cm) 1토막
마늘(중, 깐 것) 1쪽 / **생강** 5g

소금(정제염) 5g / **고춧가루** 10g / **식초** 5ml
깨소금 5g / **흰설탕** 10g

✍️ 만드는 법

1 무는 0.2×0.2×6cm로 일정하게 채 썬다.

2 고운 고춧가루로 채 썬 무를 연한 주황색으로 물들인다.

3 파, 마늘, 생강은 곱게 다진다.

4 생채양념(식초 1작은술, 설탕 1작은술, 소금 1/3작은술, 다진 파, 다진 마늘, 다진 생강, 깨소금)을 만든다.

5

양념을 물들인 무에 버무린다.

잠깐! 제출직전에 버무려야 물이 안 생겨요.

6

완성접시에 보기 좋게 담아낸다.

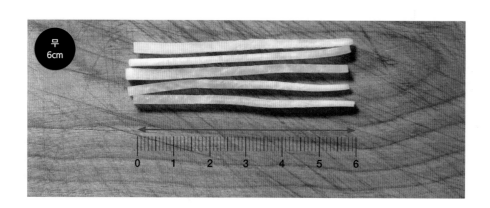

무
6cm

0 1 2 3 4 5 6

합격포인트

1_ 무채는 길이와 굵기를 일정하게 썰고 무채의 색에 유의한다.

2_ 생채는 제출 직전 무쳐 싱싱하고 깨끗하게 한다.

3_ 생채 색 진하기는 도라지생채 〉더덕생채 〉무생채 순서이다.

도라지생채

🍴 요구사항

❶ 도라지는 0.3cm × 0.3cm × 6cm로 써시오.

❷ 생채는 고추장과 고춧가루 양념으로 무쳐 제출하시오.

재료

통도라지(껍질 있는 것) 3개
대파(흰부분, 4cm) 1토막 / **마늘**(중, 깐 것) 1쪽

고추장 20g / **소금**(정제염) 5g / **고춧가루** 10g
흰설탕 10g / **식초** 15ml / **깨소금** 5g

만드는 법

1
도라지는 가로로 껍질을 돌려가며 벗겨 0.3×0.3
×6cm로 채 썬다.

2
채 썬 도라지에 소금물을 넣고 주물러 물에 담가
쓴맛을 없애고 물기를 제거한다.

3
파, 마늘은 곱게 다진다.

4
생채양념(고추장 1큰술, 고춧가루 1작은술, 설탕
1작은술, 식초 1큰술, 다진 파, 다진 마늘, 깨소금)
을 만들고 채 썬 도라지에 조금씩 넣어가며 고루
무친다.

5
완성접시에 보기 좋게 담아낸다.

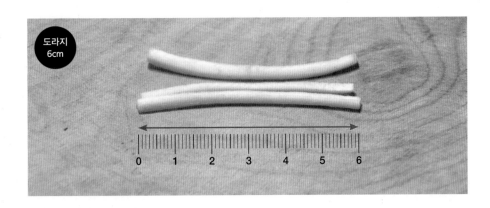

도라지
6cm

0 1 2 3 4 5 6

합격포인트

1_ 도라지의 굵기와 길이가 일정하도록 한다.
2_ 양념이 거칠지 않고 색이 고와야 한다.
3_ 생채 색 진하기는 도라지생채 〉 더덕생채 〉 무생채 순서이다.

더덕생채

📋 짝꿍과제

콩나물밥 30분	89p
지짐누름적 35분	124p
생선양념구이 30분	83p
두부조림 25분	68p
칠절판 40분	137p
더덕생채 20분	28p

❌ 요구사항

❶ 더덕은 5cm로 썰어 두들겨 편 후 찢어서 쓴맛을 제거하여 사용하시오.

❷ 고춧가루로 양념하고, 전량 제출하시오.

🍲 과정 한눈에 보기

재료 세척 → 재료 썰기 → 양념 버무리기 → 완성

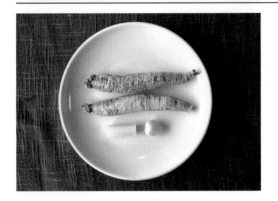

🍲 재료

통더덕(껍질 있는 것, 길이 10~15cm) 2개
마늘(중, 깐 것) 1쪽 / **대파**(흰부분, 4cm) 1토막

흰설탕 5g / **식초** 5ml / **소금**(정제염) 5g
깨소금 5g / **고춧가루** 20g

📝 만드는 법

1

더덕은 깨끗이 씻어 껍질을 돌려 벗기고, 5cm
길이로 자른 후 반으로 저민다.

잠깐! 더덕이 너무 두꺼울 경우 한 번 더 저며 만들어도 돼요.

2

저민 더덕을 진한 소금물에 담가 쓴맛을 제거하
며 절인다.

3

파, 마늘은 곱게 다진다.

4

더덕은 물에 헹구고 물기를 제거한 다음 밀대로
편편하게 밀어 편다.

잠깐! 잘 절여지지 않은 더덕은 살살 두드려주면 결대로 잘
찢어져요.

밀어 편 더덕을 가늘게 손으로 찢어 놓는다.

잠깐! 이쑤시개, 산적꼬지를 사용하면 쉽게 찢을 수 있어요.

찢은 더덕은 고운 고춧가루로 물을 들인다.

생채양념(식초 1작은술, 설탕 1작은술, 다진 파, 다진 마늘, 소금, 깨소금)을 물들인 더덕에 넣고 버무린다.

완성접시에 보기 좋게 담아낸다.

합격포인트

1_ 더덕은 이쑤시개나 산적꼬지를 사용하여 가늘고 일정하게 찢는다.
2_ 더덕을 두드릴 때 부스러지지 않도록 한다.
3_ 무쳐진 상태가 깨끗하고 빛이 고와야 한다.
4_ 생채 색 진하기는 도라지생채 〉 더덕생채 〉 무생채 순서이다.

북어구이

풋고추전 25분	61p
겨자채 35분	107p
완자탕 30분	103p
잡채 35분	129p
두부조림 25분	68p
미나리강회 35분	112p

❶ 구워진 북어의 길이는 5cm로 하시오.

❷ 유장으로 초벌구이 하고, 고추장 양념으로 석쇠에 구우시오.

❸ 완성품은 3개를 제출하시오.
   (단, 세로로 잘라 3/6토막 제출할 경우 수량부족으로 실격 처리)

과정 한눈에 보기

재료 세척 → 재료 썰기 → 유장 후 초벌구이 → 양념 발라 굽기 → 완성

재료

북어포(반을 갈라 말린 껍질이 있는 것(40g)) 1마리
대파(흰부분, 4cm) 1토막 / **마늘**(중, 깐 것) 2쪽

진간장 20ml / **고추장** 40g / **흰설탕** 10g
깨소금 5g / **참기름** 15ml / **검은후춧가루** 2g
식용유 10ml

만드는 법

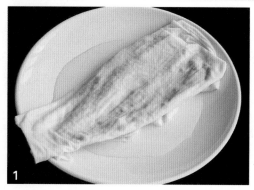

1 북어포는 물에 충분히 적신 후 젖은 면포에 싸 놓는다.

2 파, 마늘은 곱게 다진다.

3 고추장 양념(고추장 2큰술, 설탕 1큰술, 다진 파, 다진 마늘, 참기름, 깨소금, 후추)을 만든다.

4 부드럽게 불린 북어포는 머리, 꼬리, 지느러미, 뼈, 잔가시를 제거한다.

5 북어의 껍질 쪽으로 잔칼집을 촘촘하게 넣는다.

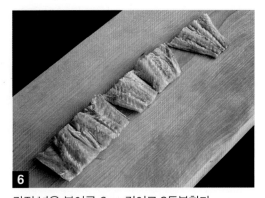

6 칼집 넣은 북어를 6cm 길이로 3등분한다.

잠깐! 꼬리쪽은 구우면 수축이 더 심해 약간 더 길게 잘라 주세요(꼬리만 7cm).

7 유장(참기름 1큰술 + 간장 약간)을 만들어 북어에 바른다.

8 석쇠를 달군 후 식용유를 발라 유장 바른 북어를 올려 초벌구이한다.

9 초벌구이한 북어에 고추장 양념을 골고루 발라 타지 않게 석쇠를 이용하여 굽는다.

10 완성접시에 머리, 몸통, 꼬리 순으로 담는다.

북어
5cm

1_ 북어를 물에 불려 사용(부서지지 않게)한다.

2_ 석쇠를 사용하여 타지 않도록 굽는다.

3_ 반드시 유장 처리하여 초벌구이한다.

육회

요구사항

❶ 소고기는 0.3cm × 0.3cm × 6cm로 썰어 소금 양념으로 하시오.

❷ 배는 0.3cm × 0.3cm × 5cm로 변색되지 않게 하여 가장자리에 돌려 담으시오.

❸ 마늘은 편으로 썰어 장식하고 잣가루를 고명으로 얹으시오.

❹ 소고기는 손질하여 전량 사용하시오.

🍲 과정 한눈에 보기

재료 세척 → 재료 썰기 → 육회 양념 → 담기 → 완성

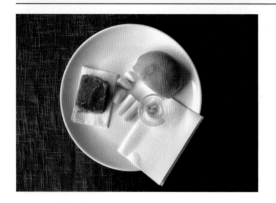

🍲 재료

소고기(살코기) 90g / **마늘**(중, 깐 것) 3쪽
배(중, 100g) 1/4개 / **잣**(깐 것) 5개
대파(흰부분, 4cm) 2토막

소금(정제염) 5g / **검은후춧가루** 2g
참기름 10ml / **흰설탕** 30g / **깨소금** 5g

✏️ 만드는 법

1
소고기는 힘줄, 기름기, 핏물을 제거한다.

2
소고기는 0.3×0.3×6cm로 채 썰어 설탕 1큰술에 버무려 놓는다.

잠깐! 소고기를 채 썰어 바로 설탕 1큰술에 버무려 키친타올 위에 올려놓으면 색이 선명하고 윤기나요.

3
마늘은 일부 편 썰고, 나머지는 곱게 다진다.

4
대파는 곱게 다진다.

5 배는 0.3×0.3×5cm로 채 썬다.

6 채 썬 배는 설탕물에 담가놓는다.

잠깐! 설탕물은 배의 갈변을 막아줘요.

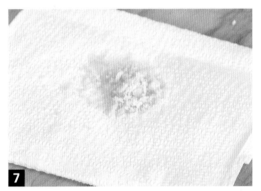

7 잣은 고깔을 떼고 종이 위에서 곱게 다져 잣가루를 만든다.

8 육회양념(다진 파, 다진 마늘, 소금 1/2작은술, 설탕 1작은술, 참기름 1작은술, 깨소금, 후추)을 만들어 채 썬 소고기에 버무린다. **잠깐!** 손으로 버무리면 고기색이 변할 수 있으니 젓가락으로 버무리세요.

9 채 썬 배의 물기를 제거한 후 완성접시에 돌려 담는다.

10 배를 두른 완성접시에 양념한 소고기를 올린다.

11 마늘로 육회 주위를 기대어 돌려 담은 후 위에 잣가루를 뿌려 완성한다.

합격포인트

1_ 소고기의 채를 고르게 썬다.
2_ 배와 양념한 소고기의 변색에 유의한다.

홍합초

🔖 짝꿍과제

탕평채 35분		116p
잡채 35분		129p
생선전 25분		65p
장국죽 30분		86p
제육구이 30분		76p
미나리강회 35분		112p

✖ 요구사항

❶ 마늘과 생강은 편으로, 파는 2cm로 써시오.

❷ 홍합은 데쳐서 전량 사용하고, 촉촉하게 보이도록 국물을 끼얹어 제출하시오.

❸ 잣가루를 고명으로 얹으시오.

재료 세척 → 홍합 데치기 → 재료 썰기 → 졸이기 → 완성

재료

생홍합(굵고 싱싱한 것, 껍질 벗긴 것으로 지급) 100g
대파(흰부분, 4cm) 1토막 / **마늘**(중, 깐 것) 2쪽
생강 15g / **잣**(깐 것) 5개

검은후춧가루 2g / **참기름** 5ml / **진간장** 40ml
흰설탕 10g

만드는 법

1

홍합은 이물질과 족사를 제거하고, 물에 흔들어 씻은 후 체에 밭쳐 놓는다.

2

끓는 물에 손질된 홍합을 살짝 데친 후 찬물에 헹구어 체에 밭쳐 놓는다.

3

대파는 2cm 길이로 토막내고, 마늘과 생강은 편 썰기 한다.

4

초 조림장(간장 2큰술, 설탕 1큰술, 물 1/4컵)을 만든다.

5 냄비에 조림장을 넣고 끓으면 홍합을 넣어 국물이 자작해질 때까지 졸이다가 생강, 마늘, 대파를 넣고 국물을 끼얹으며 윤기나게 졸이다가 참기름, 후춧가루를 넣어 마무리 한다.

6 잣은 고깔을 떼고 곱게 다져 잣가루를 만든다.

7 완성접시에 보기 좋게 담고 가운데에 잣가루를 소복하게 뿌려 완성한다.

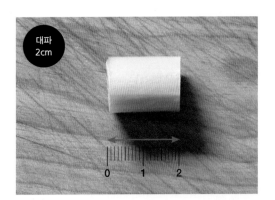

대파
2cm

합격포인트

1_　홍합은 깨끗이 손질하도록 한다. 잘 제거되지 않는 족사는 데친 후 제거하면 더 쉽다.
2_　조려진 홍합은 너무 질기지 않도록 한다.
3_　조림장은 1큰술 남겨 촉촉하게 담아내야 한다.
4_　대파는 반드시 통으로 사용하고 너무 무르지 않도록 한다.

두부젓국찌개

📋 짝꿍과제

오징어볶음 30분		96p
지짐누름적 35분		124p
칠절판 40분		137p
생선양념구이 30분		83p
화양적 35분		120p
미나리강회 35분		112p

✂️ 요구사항

❶ 두부는 2cm × 3cm × 1cm로 써시오.

❷ 홍고추는 0.5cm × 3cm, 실파는 3cm 길이로 써시오.

❸ 소금과 다진 새우젓의 국물로 간하고, 국물을 맑게 만드시오.

❹ 찌개의 국물은 200ml 이상 제출하시오.

📥 과정 한눈에 보기

재료 세척 → 재료 썰기 → 새우젓 짜기 → 끓이기 → 완성

🥘 재료

두부 100g / **생굴**(껍질 벗긴 것) 30g / **실파**(1뿌리) 20g
홍고추(생) 1/2개 / **마늘**(중, 깐 것) 1쪽
새우젓 10g

참기름 5ml / **소금**(정제염) 5g

📝 만드는 법

1 냄비에 물 2컵반 정도를 약불에 올린다.

2 굴은 껍질을 골라내고 연한 소금물에 흔들어 씻는다.

3 마늘을 곱게 다지고, 실파는 3cm 길이로 썬다.

4 두부는 2×3×1cm로 썬다.

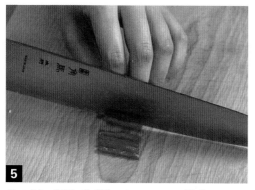

홍고추는 씨를 제거하고 0.5×3cm로 썬다.

잠깐! 반을 가른 고추는 스푼을 이용해서 씨를 제거하면 쉬워요.

새우젓은 곱게 다져 면포에 짜 놓는다.

냄비에 불을 올리고 물이 끓으면 소금을 약간 넣고 두부를 먼저 넣어 끓인 후 굴, 홍고추, 새우젓국물 1작은술, 다진 마늘 순으로 넣고 끓인다.

잠깐! 거품을 걷어줘야 국물이 깨끗해요.

마지막으로 실파를 넣고 불을 끈 뒤 참기름 2~3 방울을 넣는다.

완성그릇에 국물을 1컵 이상 담아 완성한다.

잠깐! 국물과 건더기의 비율은 2:3이에요.

두부
3×2cm

합격포인트

1_ 찌개의 간은 소금과 새우젓으로 한다.

2_ 국물이 맑고 깨끗하도록 한다.

3_ 굴을 넣고 오래 끓이면 국물이 탁해지므로 오래 끓이지 않는다.

4_ 홍고추를 먼저 넣고 끓이면 붉은색이 우러날 수 있으므로 마지막에 넣는다.

표고전

짝꿍과제

콩나물밥 30분		89p
탕평채 35분		116p
잡채 35분		129p
장국죽 30분		86p
겨자채 35분		107p
미나리강회 35분		112p

요구사항

❶ 표고버섯과 속은 각각 양념하여 사용하시오.
❷ 표고전은 5개를 제출하시오.

재료 세척 → 표고버섯 양념 → 소 만들기 → 소 넣기 → 지지기 → 완성

재료

건표고버섯(지름 2.5~4cm) 5개
소고기(살코기) 30g / **두부** 15g / **달걀** 1개
대파(흰부분, 4cm) 1토막 / **마늘**(중, 깐 것) 1쪽

밀가루(중력분) 20g / **검은후춧가루** 1g
참기름 5ml / **소금**(정제염) 5g / **깨소금** 5g
식용유 20ml / **진간장** 5ml / **흰설탕** 5g

만드는 법

1 파, 마늘은 곱게 다진다.

2 표고버섯은 기둥과 물기를 제거하고, 간장양념(간장 1작은술, 설탕 1/2작은술, 참기름 1/2작은술)을 만들어 안쪽 면에 밑간을 한다.

3 두부는 껍질을 제거하고 물기를 제거한 후 으깬다.

4 소고기는 핏물을 제거한 후 곱게 다진다.

5

으깬 두부, 다진 소고기에 소양념(소금, 설탕, 다진 파, 다진 마늘, 깨소금, 후추, 참기름)을 넣어 치댄다. **잠깐!** 전의 소에는 간장이 안 들어가요.

6

표고버섯 안쪽에 밀가루를 고르게 바른다.

잠깐! 밀가루를 꼼꼼하게 발라야 소가 떨어지지 않아요.

7

표고버섯 안에 가운데가 살짝 오목하게 들어가도록 소를 채운다.

잠깐! 익으면 가운데가 부풀어 올라요.

8

달걀 노른자에 흰자 1큰술만 섞어 달걀물을 만든다.

9

소를 채운 면에 밀가루, 달걀물 순으로 묻힌다.

10

팬에 식용유를 두르고 약불에서 속까지 익도록 지져낸다.

11 완성접시에 보기 좋게 담아낸다.

합격포인트

1_ 표고버섯의 색깔을 잘 살릴 수 있도록 **한다.**
2_ 고기가 완전히 익도록 **한다.**

육원전

✖ 요구사항

❶ 육원전은 지름 4cm, 두께 0.7cm가 되도록 하시오.

❷ 달걀은 흰자, 노른자를 혼합하여 사용하시오.

❸ 육원전은 6개를 제출하시오.

🍲 과정 한눈에 보기

재료 세척 → 재료 다져 섞기 → 모양 만들기 → 지지기 → 완성

🍳 재료

소고기(살코기) 70g / **두부** 30g / **달걀** 1개
대파(흰부분, 4cm) 1토막 / **마늘**(중, 깐 것) 1쪽

밀가루(중력분) 20g / **검은후춧가루** 2g
참기름 5ml / **소금**(정제염) 5g / **식용유** 30ml
깨소금 5g / **흰설탕** 5g

✓ 만드는 법

1 파, 마늘은 곱게 다진다.

2 두부는 껍질을 제거하고 물기를 제거한 후 으깬다.

3 소고기는 핏물을 제거한 후 곱게 다진다.

4 으깬 두부, 다진 소고기에 소양념(소금, 설탕, 다진 파, 다진 마늘, 깨소금, 후추, 참기름)을 넣어 끈기가 생길 때까지 치댄다.

5

지름 4cm, 두께 0.7cm의 크기로 동글납작하게 완자를 6개 빚는다.

6

달걀은 소금을 약간 넣고 잘 풀어 체에 내려 달걀물을 만든다.

잠깐! 달걀노른자에 흰자를 조금만 넣어야 색이 예뻐요.

7

완자에 밀가루 달걀물 순으로 묻힌다.

8

식용유를 두른 팬에 완자를 약불에서 속까지 익도록 지져낸다.

9

완성접시에 보기 좋게 담아낸다.

완자
4cm

합격포인트

1_ 고기와 두부의 배합이 맞아야 한다.(3:1)
2_ 전의 속까지 익도록 한다.
3_ 모양이 흐트러지지 않아야 한다.
4_ 완자는 익으면 가운데가 볼록해지므로 가운데를 살짝 눌러 빚어줘야 한다.
5_ 소고기는 곱게 다져지지 않으면 모양이 예쁘게 만들어지지 않는다.

오이소박이

요구사항

❶ 오이는 6cm 길이로 3토막 내시오.

❷ 오이에 3~4갈래 칼집을 넣을 때 양쪽 끝이 1cm 남도록 하고, 절여 사용하시오.

❸ 소를 만들 때 부추는 1cm 길이로 썰고, 새우젓은 다져 사용하시오.

❹ 그릇에 묻은 양념을 이용하여 국물을 만들어 소박이 위에 부어내시오.

🍲 과정 한눈에 보기

재료세척 → 오이 칼집 소금물 → 재료썰기 → 소 양념 만들기 → 오이 소 넣기 → 완성

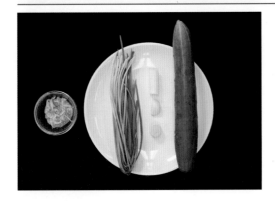

🥗 재료

오이(가는 것, 20cm 정도) 1개
부추 20g / **새우젓** 10g
대파(흰부분, 4cm 정도) 1토막
마늘(중, 깐 것) 1쪽 / **생강** 10g

고춧가루 10g
소금(정제염) 50g

✒️ 만드는 법

1

오이는 소금으로 문질러 씻어 6cm 길이로 3등분한다.

2

오이 양끝이 1cm 남도록 열십자로 안에 칼집을 넣는다.

3

칼집 넣은 오이는 진한 소금물에 절인다.

잠깐! 오이는 잘 절여야 속을 넣을 때 부서지지 않고 잘 넣을 수 있어요.

4

파, 마늘, 생강, 새우젓은 곱게 다진다.

5

부추는 1cm로 송송 썰기 한다.

6

고춧가루 1큰술에 다진 파, 다진 마늘, 다진 생강, 다진 새우젓, 소금, 물 약간을 넣고 버무린 후 부추를 넣어 소 양념을 만든다.

잠깐! 촉촉한 소 양념장을 만들어줘야 잘 들어가요.

7

절여진 오이에 물기를 제거하고, 소를 채워 넣고 가장자리와 표면에 양념을 고루 바른다.

잠깐! 칼집 사이로 소박이 양념을 문지르고 젓가락이나 이쑤시개를 사용하면 쉽게 넣을 수 있어요.

8

완성접시에 오이 3개를 담고 남은 소 양념+물 2큰술을 넣어 김치국물을 만들어 소박이 위에 촉촉하게 부어 완성한다

오이
6cm

0 1 2 3 4 5 6

합격포인트

1_ 오이에 3~4갈래로 칼집을 넣을 때 양쪽이 잘리지 않도록 한다.

2_ 절여진 오이의 간과 소의 간을 잘 맞춘다.

3_ 고춧가루를 불려서 양념하면 젓가락이나 이쑤시개, 산적꼬지로 속을 채우기에 좋다.

재료썰기

요구사항

❶ 무, 오이, 당근, 달걀지단을 썰기 하여 전량 제출하시오.
   (단, 재료별 써는 방법이 틀렸을 경우 실격)

❷ 무는 채썰기, 오이는 돌려깎기하여 채썰기, 당근은 골패썰기를 하시오.

❸ 달걀은 흰자와 노른자를 분리하여 알끈과 거품을 제거하고 지단을 부쳐
   완자(마름모꼴)모양으로 각 10개를 썰고, 나머지는 채썰기를 하시오.

❹ 재료 썰기의 크기는 다음과 같이 하시오.
   1) 채썰기 – 0.2cm×0.2cm×5cm
   2) 골패썰기 – 0.2cm×1.5cm×5cm
   3) 마름모형 썰기 – 한 면의 길이가 1.5cm

재료 세척 → 재료 썰기(무, 오이, 당근) → 황·백 지단 부쳐 썰기 → 완성

재료

무 100g / **오이**(길이 25cm) 1/2개
당근(길이 6cm) 1토막 / **달걀** 3개

식용유 20ml / **소금** 10g

만드는 법

1

달걀은 흰자, 노른자를 분리하여 알끈을 제거하고 약간의 소금을 넣어 잘 풀어준다.

잠깐! 미리 달걀을 풀어놓으면 기포가 덜 생겨요.

2

무는 0.2×0.2×5cm 길이로 채 썬다.

3

오이는 소금으로 문질러 깨끗이 씻은 후 돌기를 제거하고 돌려깎기하여 0.2×0.2×5cm 길이로 채 썬다.

4

당근은 껍질을 제거하여 0.2×1.5×5cm크기로 골패 썰기를 한다.

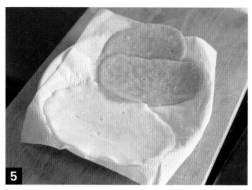

5
식용유를 두른 팬에 약불에서 지단을 얇게 부친다.

6
부친 지단은 마름모꼴 모양으로 한 면의 길이가 1.5cm로 황백 각각 10개씩 썰고, 나머지는 채썰기(0.2×0.2×5cm)를 한다.

7
완성접시에 보기 좋게 담아낸다.

풋고추전

📋 짝꿍과제

두부조림 25분		68p
북어구이 20분		31p
오징어볶음 30분		96p
잡채 35분		129p
콩나물밥 30분		89p
생선양념구이 30분		83p

✂️ 요구사항

❶ 풋고추는 5cm 길이로, 소를 넣어 지져 내시오.

❷ 풋고추는 잘라 데쳐서 사용하며, 완성된 풋고추전은 8개를 제출하시오.

과정 한눈에 보기

재료 세척 → 풋고추 데치기 → 소 만들기 → 소 넣기 → 지지기 → 완성

재료

풋고추(길이 11cm 이상) 2개
소고기(살코기) 30g / **두부** 15g / **달걀** 1개
대파(흰부분, 4cm) 1토막 / **마늘**(중, 간 것) 1쪽

밀가루(중력분) 15g / **검은후춧가루** 1g
소금(정제염) 5g / **참기름** 5ml / **깨소금** 5g
식용유 20ml / **흰설탕** 5g

만드는 법

1

냄비에 데칠 물을 올린다.

2

풋고추는 반으로 갈라 씨를 제거한 다음 5cm 길이로 자른다.

잠깐! 반을 가른 고추는 스푼을 이용해 씨를 제거하면 좋아요.

3

끓는 물에 소금을 넣고 풋고추를 살짝 데친 후 찬물에 헹군 다음 물기를 제거한다.

4

파, 마늘은 곱게 다진다.

5 두부는 껍질을 제거하고 물기를 제거한 후 으깬다.

6 소고기는 핏물을 제거한 후 곱게 다진다.

7 으깬 두부, 다진 소고기에 소양념(다진 파, 다진 마늘, 소금, 설탕, 깨소금, 후추, 참기름)을 넣어 끈기가 생길 때까지 치댄다.

8 풋고추 안쪽에 밀가루를 묻힌 뒤 털어놓는다.

9 풋고추에 양념한 소를 편편하게 채운다.

10 달걀노른자에 흰자 1큰술을 섞어 달걀물을 만든다.

11 소가 들어간 풋고추면에 밀가루, 달걀물 순으로 묻힌다.

12 팬에 식용유를 두르고 약불에서 속까지 익도록 지져낸다.

13 완성접시에 보기 좋게 담아낸다.

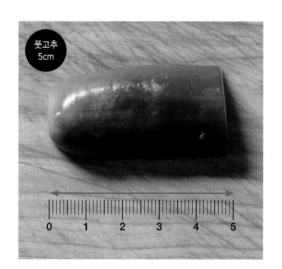

풋고추 5cm

0 1 2 3 4 5

생선전

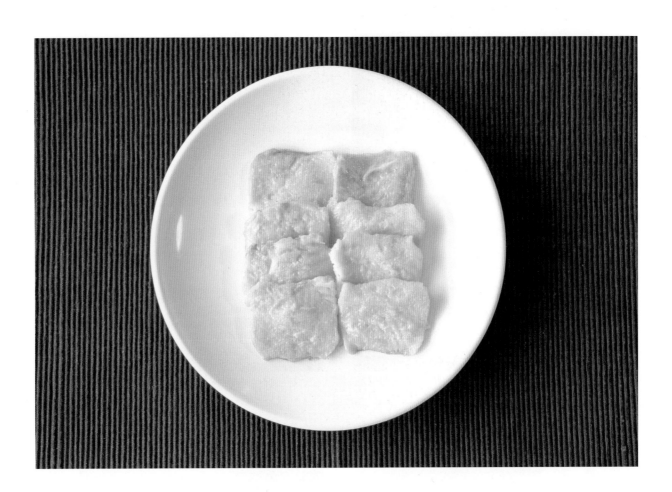

요구사항

❶ 생선은 세장 뜨기하여 껍질을 벗겨 포를 뜨시오.

❷ 생선전은 0.5cm × 5cm × 4cm로 만드시오.

❸ 달걀은 흰자, 노른자를 혼합하여 사용하시오.

❹ 생선전은 8개 제출하시오.

🥢 재료

동태(400g) 1마리 / **달걀** 1개

밀가루(중력분) 30g / **소금**(정제염) 10g
흰후춧가루 2g / **식용유** 50ml

✍️ 만드는 법

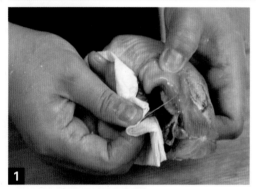

1 동태는 비늘을 제거하고 깨끗이 닦아낸 뒤 지느러미, 머리, 내장을 제거하고 깨끗이 씻는다.

2 손질한 동태는 세장 뜨기한다.

3 포 뜬 동태의 껍질이 바닥에 닿게 놓고, 꼬리는 당기고 칼은 밀면서 껍질을 벗겨낸다.

4 껍질을 벗긴 생선을 0.5×5×4cm로 일정하게 포를 뜨고 소금과 흰후춧가루로 밑간을 한다.

잠깐! 생선은 익으면서 크기가 줄어들고 두께는 늘어나므로 좀 더 크고 얇게 포를 뜨세요.

5 달걀노른자에 흰자를 조금 섞어 달걀물을 만든다.

6 밑간한 동태포에 밀가루, 달걀물 순으로 묻힌다.

7 팬에 식용유를 두르고 약불에서 속까지 익도록 지져낸다.

8 완성접시에 담아낸다.

잠깐! 담을 때는 뼈쪽이 위로 오도록 해주세요.

합격포인트

1_ 생선살은 깨끗하게 바르고, 물기가 적어야 **생선이 부서지지 않는다.**

2_ 밀가루는 지지기 직전에 묻히고 달걀물을 입혀야 **달걀옷이 떨어지지 않는다.**

두부조림

⚙️ 요구사항

❶ 두부는 0.8cm × 3cm × 4.5cm로 잘라 지져서 사용하시오.

❷ 8쪽을 제출하고, 촉촉하게 보이도록 국물을 약간 끼얹어 내시오.

❸ 실고추와 파채를 고명으로 얹으시오.

🍲 과정 한눈에 보기

재료 세척 → 재료 썰기 → 두부 지지기 → 졸이기 → 고명 올리기 → 완성

🍳 재료

두부 200g / **마늘**(중, 깐 것) 1쪽
대파(흰부분, 4cm) 1토막

실고추 1g / **검은후춧가루** 1g / **참기름** 5ml
소금(정제염) 5g / **식용유** 30ml / **진간장** 15ml
깨소금 5g / **흰설탕** 5g

🍽 만드는 법

1
두부는 0.8×3×4.5cm로 썬다.

2
썬 두부를 면포에 올려 물기를 제거한 후 소금을 약간 뿌려 둔다.

3
대파 일부는 2cm로 곱게 채 썰고, 나머지는 다진다.

4
마늘은 곱게 다지고, 실고추도 2cm 길이로 자른다.

5

두부는 물기를 제거하고 팬에 식용유를 두르고 앞뒤로 노릇하게 지진다.

잠깐! 키친타올이나 면포로 두부를 살짝 눌러 물기를 제거하세요.

6

조림장(간장 1큰술, 설탕 1/2큰술, 다진 파, 다진 마늘, 참기름, 후추, 깨소금)을 만든다.

7

냄비에 두부를 담고 조림장을 끼얹은 후 물 1/2컵을 넣어 윤기나게 조린다.

8

조린 두부에 실고추와 파채를 고명으로 얹고, 잠시 뚜껑을 덮어 살짝 뜸 들인다.

9

완성접시에 조린 두부를 담고 국물을 촉촉하게 끼얹어 낸다.

두부
4.5×3cm

합격포인트

1_ 두부의 크기를 일정하게 한다.
2_ 두부조림은 두부를 충분히 노릇하게 구워야 졸였을 때 색이 예쁘다.
3_ 두부가 부서지지 않고 질기지 않아야 한다.

너비아니구이

✕ 요구사항

❶ 완성된 너비아니는 0.5cm × 4cm × 5cm로 하시오.
❷ 석쇠를 사용하여 굽고, 6쪽 제출하시오.
❸ 잣가루를 고명으로 얹으시오.

🥢 과정 한눈에 보기

재료 세척 → 배즙 → 재료 썰기 → 간장양념에 재우기 → 석쇠 굽기 → 완성

🍲 재료

소고기(안심 또는 등심, 덩어리로) 100g
배(50g) 1/8개 / **잣**(깐 것) 5개
대파(흰부분, 4cm) 1토막 / **마늘**(중, 깐 것) 2쪽

검은후춧가루 2g / **흰설탕** 10g / **깨소금** 5g
진간장 50ml / **식용유** 10ml / **참기름** 10ml

✍ 만드는 법

1

배는 껍질을 벗긴 후 강판에 갈고, 면포에 짜서 배즙을 만든다.

잠깐! 강판이 없다면 다진 후 면포에 짜서 사용하세요.

2

파, 마늘은 곱게 다진다.

3

소고기는 핏물을 제거한 후 결반대 방향으로 0.4×5×6cm로 썬다.

잠깐! 고기는 수축하므로 조금 크게 자르세요.

4

썬 소고기는 칼등으로 자근자근 두들긴 다음 배 즙 1큰술에 재운다.

잠깐! 배즙은 간장양념에만 넣어도 돼요.

5

간장양념(간장 1큰술, 설탕 1/2큰술, 배즙 1큰술, 다진 파, 다진 마늘, 참기름, 후추, 깨소금)을 만들어 배즙에 재운 소고기를 양념한다.

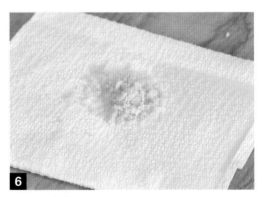

6

잣은 고깔을 떼고 곱게 다진다.

7

석쇠에 식용유를 발라 달군 후 고기의 가장자리가 겹치도록 올려 강불에 육즙이 빠져나오지 않게 구운 다음 약불에서 앞, 뒤로 익힌다.

잠깐! 가장자리를 겹치면 끝이 말리지 않아요.

8

완성접시에 담고, 잣가루를 얹어 완성한다.

너비아니
5×4cm

1_ 고기의 크기를 일정하게 자르고 완전히 익히도록 한다.
2_ 구이가 약간 식은 후 잣가루를 뿌려야 잣가루가 고슬해 보인다.
3_ 타지 않게 불조절에 유의한다.
4_ 너비아니구이, 제육구이만 유장 발라 굽는 초벌구이 과정이 없다.

제육구이

📖 짝꿍과제

생선전 25분		65p
생선찌개 30분		99p
홍합초 20분		39p
재료썰기 25분		58p
두부조림 25분		68p
더덕생채 20분		28p

✖ 요구사항

❶ 완성된 제육은 0.4cm × 4cm × 5cm로 하시오.

❷ 고추장 양념하여 석쇠에 구우시오.

❸ 제육구이는 전량 제출하시오.

과정 한눈에 보기

재료 세척 → 재료 썰기 → 고추장 양념 바르기 → 석쇠 굽기 → 완성

재료

돼지고기(등심 또는 볼깃살) 150g
대파(흰부분, 4cm) 1토막 / **마늘**(중, 깐 것) 2쪽
생강 10g

고추장 40g / **진간장** 10ml / **검은후춧가루** 2g
흰설탕 15g / **깨소금** 5g / **참기름** 5ml
식용유 10ml

만드는 법

1

파, 마늘, 생강은 곱게 다진다.

2

돼지고기는 핏물을 제거하고 0.4×4×5cm로 썬다.

3

썬 돼지고기는 앞, 뒤로 잔 칼집을 넣는다.

잠깐! 고기는 연육하면 커지고, 익으면 수축해요.

4

고추장 양념(고추장 2큰술, 설탕 1/2큰술, 간장, 다진 파, 다진 마늘, 다진 생강, 후추, 깨소금, 참기름)을 만든다.

5 손질한 돼지고기에 고추장 양념을 앞뒤로 바른다.

6 석쇠에 식용유를 발라 달군 후 양념한 고기의 가장자리가 겹치게 석쇠 위에 올려 타지 않게 앞, 뒤로 구워낸다.

잠깐! 가장자리를 겹치면 끝이 말리지 않아요. 고기에 고추장 양념을 얇게 발라 두 번 구우면 고기가 타지 않고 잘 익어요.

7 완성접시에 보기 좋게 담아낸다.

완성된 제육
5×4cm

합격포인트

1_ 구워진 표면이 마르지 않도록 한다.
2_ 구워진 고기의 모양과 색깔에 유의하여 굽는다.
3_ 너비아니구이와 제육구이만 유장을 바르고 굽는 초벌구이 과정이 없다.
4_ 고기를 충분히 양념장에 재운 후 구워야 색이 좋다.

더덕구이

요구사항

❶ 더덕은 껍질을 벗겨 사용하시오.

❷ 유장으로 초벌구이 하고, 고추장 양념으로 석쇠에 구우시오.

❸ 완성품은 전량 제출하시오.

🥘 과정 한눈에 보기

재료 세척 → 더덕 썰어 소금물 → 더덕 두드리기 → 유장 후 초벌구이 → 양념 발라 굽기 → 완성

🍲 재료

통더덕(껍질 있는 것, 길이 10~15cm) 3개
대파(흰부분, 4cm) 1토막 / **마늘**(중, 깐 것) 1쪽

진간장 10ml / **고추장** 30g / **흰설탕** 5g
깨소금 5g / **참기름** 10ml / **소금**(정제염) 10g
식용유 10ml

📝 만드는 법

1
더덕은 깨끗이 씻은 후 가로방향으로 돌려뜯어 껍질을 벗긴다.

2
껍질을 벗긴 더덕을 5cm 정도로 자른 후 통이나 반으로 갈라 소금물에 담가둔다.

잠깐! 더덕은 자르지 않고 통으로 사용해도 돼요.

3
파, 마늘은 곱게 다진다.

4
절여진 더덕은 수분을 제거한 후 밀대로 밀고, 두들겨서 평평하게 편다.

5 더덕에 앞, 뒤로 유장(간장 1작은술, 참기름 1큰
술)을 바른다.

6 식용유를 바르고 달군 석쇠에 유장 바른 더덕을
올려 초벌구이한다.

7 고추장 양념(고추장 2큰술, 설탕 1/2큰술, 다진
파, 다진 마늘, 참기름, 깨소금)을 만든다.

8 만든 양념을 초벌구이한 더덕에 발라 석쇠에 올
려놓고 앞, 뒤로 굽는다.

9 완성접시에 전량을 보기 좋게 담아낸다.

합격포인트

1__ 더덕이 부서지지 않게 두드린다.
2__ 더덕이 타지 않도록 굽는데 유
의한다.

생선양념구이

📋 짝꿍과제

무생채 15분	22p
더덕생채 20분	28p
두부젓국찌개 20분	42p
두부조림 25분	68p
장국죽 30분	86p
육회 20분	35p

✖ 요구사항

❶ 생선은 머리와 꼬리를 포함하여 통째로 사용하고 내장은 아가미쪽으로 제거하시오.

❷ 칼집 넣은 생선은 유장으로 초벌구이 하고, 고추장 양념으로 석쇠에 구우시오.

❸ 생선구이는 머리 왼쪽, 배 앞쪽 방향으로 담아내시오.

생선손질 → 고추장 양념 만들기 → 유장 후 초벌구이 → 양념 발라 굽기 → 완성

재료

조기(100~120g) 1마리
대파(흰부분, 4cm) 1토막 / **마늘**(중, 깐 것) 1쪽

진간장 20ml / **고추장** 40g / **흰설탕** 5g
깨소금 5g / **참기름** 5ml / **소금**(정제염) 20g
검은후춧가루 2g / **식용유** 10ml

만드는 법

1
생선은 비늘과 지느러미, 아가미를 제거하고, 아가미 쪽에 나무젓가락을 넣어 내장을 꺼낸 다음 깨끗이 씻는다. **잠깐!** 생선이 얼어있다면 잠깐 찬물에 담가 놓으세요. 언 생선을 구우면 껍질과 살이 금방 부서져요.

2
생선의 앞뒤로 2~3번의 칼집을 넣고 소금을 뿌려둔다.

3
파, 마늘은 곱게 다진다.

4
고추장 양념(고추장 2큰술, 설탕 1큰술, 다진 파, 다진 마늘, 깨소금, 후추, 참기름)을 만든다.

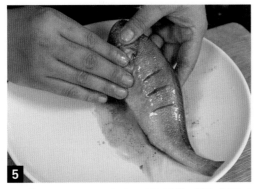

5 유장(참기름 1큰술, 간장 1작은술)을 만들어 물기를 제거한 생선에 발라놓는다.

6 식용유를 바르고 달군 석쇠에 유장 바른 생선을 올려 초벌구이한다.

7 살이 거의 익으면 고추장 양념을 발라 타지 않게 굽는다.

8 생선을 담을 때 머리는 왼쪽, 꼬리는 오른쪽, 배는 앞쪽으로 오게 담는다.

합격포인트

1_ 부서지지 않게 **굽도록 유의한다.**

2_ 생선을 담을 때는 **방향을 고려해야 한다.**

3_ 식용유를 바른 후 **석쇠를 충분히 달구어야** 생선이 달라붙지 않는다.

4_ 초벌구이로 생선을 충분히 익혀야 **고추장 양념이 흘러내리지 않고 타지 않는다.**

장국죽

짝꿍과제

육원전 `20분`		50p
홍합초 `20분`		39p
표고전 `20분`		46p
생선전 `25분`		65p
너비아니구이 `25분`		72p
북어구이 `20분`		31p

요구사항

❶ 불린 쌀을 반정도로 싸라기를 만들어 죽을 쑤시오.

❷ 소고기는 다지고 불린 표고는 3cm의 길이로 채 써시오.

과정 한눈에 보기

싸레기 → 재료 썰어 양념 → 재료 볶기 → 물 넣고 끓이기(6배) → 완성

재료

쌀(30분 정도 물에 불린 쌀) 100g
소고기(살코기) 20g
건표고버섯(지름 5cm, 물에 불린 것) 1개
대파(흰부분, 4cm) 1토막 / **마늘**(중, 깐 것) 1쪽

진간장 10ml / **국간장** 10ml / **깨소금** 5g
검은후춧가루 1g / **참기름** 10ml

만드는 법

1 쌀은 씻어 체에 밭쳐 물기를 뺀다.

2 파, 마늘은 곱게 다진다.

3 물기 뺀 쌀을 싸라기 정도로 부순다.

4 불린 표고버섯은 얇게 포 뜬 후 3cm 길이로 채 썰고, 소고기는 곱게 다진다.

5

간장양념(진간장 1작은술, 다진 파, 다진 마늘, 깨소금, 참기름, 후추)을 만들어 다진 소고기와 표고에 양념한다.

잠깐! 죽에 들어가는 간장양념에는 설탕이 안 들어가요.

6

참기름을 두른 냄비에 양념한 소고기를 볶다가 표고버섯을 볶은 다음 싸라기로 만들어 놓은 쌀을 넣고 충분히 볶아준다.

7

쌀 분량의 6배(3컵)의 물을 넣고 센 불에서 끓이다가 중불에서 쌀알이 퍼질 때까지 저어주며 끓인다.

8

쌀알이 퍼지면 국간장으로 색을 맞추고 그릇에 담아낸다.

잠깐! 간은 가장 마지막에 맞춰야 죽이 삭지 않아요.

합격포인트

1_ 죽의 완성 농도에 주의하고, 제출 직전에 다시 농도를 맞추고 완성그릇에 담아 제출한다.

2_ 지급재료에 설탕이 없으며 설탕을 고기, 표고양념에 넣으면 오작이고 죽이 금방 삭는다.

콩나물밥

📑 짝꿍과제

표고전 20분	46p
더덕생채 20분	28p
두부조림 25분	68p
풋고추전 25분	61p
육회 20분	35p
북어구이 20분	31p

⚙️ 요구사항

❶ 콩나물은 꼬리를 다듬고 소고기는 채 썰어 간장양념을 하시오.
❷ 밥을 지어 전량 제출하시오.

과정 한눈에 보기

재료 손질 → 재료 올려 밥 짓기 → 완성

재료

쌀(30분 정도 물에 불린 쌀) 150g
콩나물 60g / **소고기**(살코기) 30g
대파(흰부분, 4cm) 1/2토막
마늘(중, 깐 것) 1쪽

진간장 5ml / **참기름** 5ml

만드는 법

1 쌀은 씻어 체에 밭쳐 물기를 뺀다.

2 콩나물은 꼬리 부분만 다듬는다.

3 파, 마늘은 곱게 다진다.

4 소고기는 핏물을 제거하고 채 썬다.

5 간장양념(간장 1작은술, 다진 파, 다진 마늘, 참기름)을 만들고 채 썬 소고기에 양념한다.

잠깐! 간장 양념에 깨소금, 설탕, 후추가 안 들어갑니다.

6 냄비에 쌀을 넣고 동일한 양의 물을 넣은 후 그 위에 콩나물과 양념한 소고기를 잘 펴서 올린다.

7 뚜껑을 덮고 중불에서 끓이다가 약불로 줄여가며 불조절을 유의하여 끓인 후 불을 끄고 뜸을 들인다.

잠깐! 밥을 할 때 뚜껑을 자주 열면 비린내가 나요.

8 콩나물, 소고기가 고루 섞이도록 한 후 밥을 완성그릇에 담아낸다.

합격포인트

1_ 소고기의 굵기와 크기에 유의**한다.**

2_ 밥물 및 불 조절과 완성된 밥의 상태에 유의**한다.**

섭산적

📋 짝꿍과제

재료썰기 `25분`		58p
육회 `20분`		35p
더덕생채 `20분`		28p
두부조림 `25분`		68p
잡채 `35분`		129p
생선찌개 `30분`		99p

✖ 요구사항

❶ 고기와 두부의 비율을 3:1로 하시오.

❷ 다져서 양념한 소고기는 크게 반대기를 지어 석쇠에 구우시오.

❸ 완성된 섭산적은 0.7cm × 2cm × 2cm로 9개 이상 제출하시오.

❹ 잣가루를 고명으로 얹으시오.

과정 한눈에 보기

재료 세척 → 재료 썰기 → 반대기 만들기 → 석쇠 굽기 → 잣가루 뿌리기 → 완성

재료

소고기(살코기) 80g / **두부** 30g
대파(흰부분, 4cm) 1토막 / **마늘**(중, 깐 것) 1쪽
잣(깐 것) 10개

소금(정제염) 5g / **흰설탕** 10g / **깨소금** 5g
참기름 5ml / **검은후춧가루** 2g / **식용유** 30ml

만드는 법

1 파, 마늘은 곱게 다진다.

2 두부는 껍질을 제거하고 물기를 제거한 후 으깬다.

3 소고기는 핏물을 제거한 후 곱게 다진다.

4 으깬 두부, 다진 소고기에 양념(다진 파, 다진 마늘, 소금, 설탕, 깨소금, 후추, 참기름)을 넣어 끈기가 생길 때까지 치댄다.

잠깐! 소고기와 두부의 비율은 3:1로 해야 반대기가 알맞아요.

5

치댄 반대기를 0.6×9×9cm 크기로 만들어 잔 칼집을 넣는다.

잠깐! 모양을 만들 때 비닐을 사용하면 쉬어요.

6

달궈진 석쇠에 식용유를 바르고 위에 반대기를 올려 앞, 뒤로 타지 않게 굽는다.

7

잣은 고깔을 떼고 종이 위에서 곱게 다져 잣가루를 만든다.

8

섭산적이 식으면 2×2cm 크기로 네모나게 썰어 일정 간격으로 접시에 담고 잣가루를 얹어 완성한다.

잠깐! 식은 후 잘라야 깨끗이 잘려요. 시간이 없다면 칼을 불에 달구어 썰어보세요.

섭산적
2×2cm

합격포인트

1_ 고기가 타지 않게 잘 구워지도록 유의한다.
2_ 고기와 두부를 곱게 다져 표면을 매끄럽게 한다.
3_ 고기를 식힌 후 썰어야 모양이 부서지지 않는다.

오징어볶음

✖ 요구사항

❶ 오징어는 0.3cm 폭으로 어슷하게 칼집을 넣고, 크기는 4cm × 1.5cm로 써시오.
  (단, 오징어 다리는 4cm 길이로 자른다.)

❷ 고추, 파는 어슷썰기, 양파는 폭 1cm로 써시오.

과정 한눈에 보기

재료 세척 및 썰기 → 오징어 잔칼집 → 고추장 양념 → 볶기 → 완성

재료

물오징어(250g) 1마리
풋고추(길이 5cm 이상) 1개 / **홍고추**(생) 1개
양파(중, 150g) 1/3개
대파(흰부분, 4cm) 1토막 / **마늘**(중, 깐 것) 2쪽
생강 5g

소금(정제염) 5g / **진간장** 10ml / **흰설탕** 20g
참기름 10ml / **깨소금** 5g / **고춧가루** 15g
고추장 50g / **검은후춧가루** 2g / **식용유** 30ml

만드는 법

1

오징어는 배를 갈라 내장을 제거한 후 몸통과 다리의 껍질을 벗긴다.

잠깐! 오징어 껍질은 소금, 키친타올, 면포를 이용하면 쉽게 벗길 수 있어요.

2

오징어 몸통 안쪽에 0.3cm 간격으로 어슷하게 칼집을 넣고 몸통은 4.5×2cm, 다리는 6cm 길이로 썬다.

잠깐! 오징어는 세로로 자르지 마세요.

3

마늘, 생강은 곱게 다진다.

4

양파는 1cm 폭으로 자르고, 대파는 0.5cm 두께로 어슷하게 썬다.

5 풋고추, 홍고추는 0.5cm 두께로 어슷하게 썰어 고추씨를 제거한다.

6 고추장 양념(고추장 2큰술, 고춧가루 2작은술, 설탕 1큰술, 다진 마늘, 다진 생강, 간장, 깨소금, 후추, 참기름)을 만든다.

7 팬에 식용유를 약간 두르고 양파를 살짝 볶다가 오징어를 넣어 반 이상 정도 익힌다.

8 **7**에 고추장 양념을 넣고 약한 불에서 고루 섞은 후 다시 센불에서 홍고추, 풋고추, 대파를 넣어 살짝 볶아 참기름으로 마무리 한다.

잠깐! 불을 줄이고 오래 볶지 마세요.

9 완성접시에 모든 재료가 보이도록 담아낸다.

합격포인트

1_ 오징어 칼집은 일정하게 넣어야 모양이 예쁘다.
2_ 제출하기 직전에 볶아야 물이 생기지 않는다.
3_ 고추장 양념은 쉽게 타므로 불 조절에 유의한다.

생선찌개

⚙️ 요구사항

❶ 생선은 4~5cm의 토막으로 자르시오.

❷ 무, 두부는 2.5cm × 3.5cm × 0.8cm로 써시오.

❸ 호박은 0.5cm 반달형, 고추는 통 어슷썰기, 쑥갓과 파는 4cm로 써시오.

❹ 고추장, 고춧가루를 사용하여 만드시오.

❺ 각 재료는 익는 순서에 따라 조리하고, 생선살이 부서지지 않도록 하시오.

❻ 생선머리를 포함하여 전량 제출하시오.

🍲 과정 한눈에 보기

재료 세척 → 재료 썰기 → 끓이기(실파, 쑥갓 마지막) → 완성

🥘 재료

동태(300g) 1마리 / **무** 60g / **애호박** 30g
두부 60g / **풋고추**(길이 5cm 이상) 1개
홍고추(생) 1개 / **쑥갓** 10g / **마늘**(중, 깐 것) 2쪽
생강 10g / **실파**(2뿌리) 40g

고추장 30g / **소금**(정제염) 10g
고춧가루 10g

📝 만드는 법

1

무와 두부는 2.5×3.5×0.8cm로 썬다.

2

애호박은 0.5cm 두께의 반달모양으로 썰고, 실파와 쑥갓은 4cm로 썬다.

3

풋고추와 홍고추는 어슷썰기하여 씨를 제거한다.

4

마늘, 생강은 곱게 다진다.

5 생선은 지느러미와 아가미, 비늘을 제거하고 내장의 먹는 부분을 골라낸 다음 4~5cm정도로 토막을 낸다. **잠깐!** 생선 머리는 버리지 말고 주둥이 끝을 잘라 같이 사용하세요.

6 냄비에 물 3컵을 넣고, 고추장 1큰술, 고춧가루 1/2큰술을 풀고 썰어 놓은 무를 넣어 끓인다.

7 무가 반쯤 익으면 생선을 넣는다.

8 끓으면 호박과 두부를 넣고 끓인다.

9 끓어오르면 풋고추, 홍고추, 다진 마늘, 다진 생강을 넣고 소금 1/2작은술을 넣어 간을 맞춘다.

10 실파와 쑥갓을 넣어 마무리한다.
잠깐! 거품을 걷어가며 끓이세요.

11 완성그릇에 보기 좋게 담아낸다.

무
3.5×2.5cm

완자탕

짝꿍과제

북어구이 20분	31p
더덕구이 30분	80p
재료썰기 25분	58p
생선전 25분	65p
육원전 20분	50p
두부조림 25분	68p

요구사항

❶ 완자는 지름 3cm로 6개를 만들고, 국 국물의 양은 200ml 이상 제출하시오.

❷ 달걀은 지단과 완자용으로 사용하시오.

❸ 고명으로 황·백지단(마름모꼴)을 각 2개씩 띄우시오.

📥 과정 한눈에 보기

재료 세척 → 육수 → 재료 썰기 → 완자 만들기 → 육수에 완자 넣고 끓이기 → 지단 올려 완성

🍲 재료

소고기(살코기) 50g / **소고기**(사태부위) 20g
달걀 1개 / **대파**(흰부분, 4cm) 1/2토막
두부 15g / **마늘**(중, 간 것) 2쪽
키친타올(종이, 주방용 18×20cm) 1장

밀가루(중력분) 10g / **식용유** 20ml
소금(정제염) 10g / **검은후춧가루** 2g
국간장 5ml / **참기름** 5ml / **깨소금** 5g
흰설탕 5g

✍️ 만드는 법

1 물 3컵에 소고기(사태)와 대파, 마늘을 넣고 끓인다.

2 끓인 육수를 면포에 걸러 간장으로 색을 내고 소금으로 간을 한다.

3 파, 마늘은 곱게 다진다.

4 두부는 껍질을 제거하고 물기를 제거한 후 으깬다.

5 소고기(살코기)는 핏물을 제거한 후 곱게 다진다.

6 으깬 두부, 다진 소고기에 소양념(다진 파, 다진 마늘, 소금, 설탕, 깨소금, 후추, 참기름)을 넣어 끈기가 생길 때까지 치댄다.

7 완자를 지름 3cm 크기로 둥글게 6개 만든다.

8 달걀은 황백으로 나누어 조금씩 남기고 소금을 넣어 지단을 만들어 마름모꼴로 썬다.

잠깐! 노른자, 흰자를 남겨 혼합해 완자에 사용해야 합니다. 꼭 남기세요.

9 지단을 부치고 남은 노른자와 흰자를 섞어 달걀물을 만든다.

10 완자에 밀가루를 묻힌다.

잠깐! 밀가루를 너무 많이 묻히면 국물이 탁해져요.

11 그 다음 달걀물을 묻힌다.

12 식용유 두른 팬에 굴려가며 익힌다.

13 육수에 익힌 완자를 넣고 끓인다.

잠깐! 너무 많이 끓이면 국물이 탁해지고 완자껍질이 지저분해져요.

14 그릇에 완자와 국물 1컵을 넣고 마름모꼴로 썰어낸 황·백지단을 2개씩 얹어 완성한다.

합격포인트

1_ 육수 국물을 맑게 처리하며 양에 유의한다.
2_ 완자의 크기를 일정하게 하고, 완자의 달걀옷이 떨어지지 않도록 주의한다.

겨자채

⊗ 요구사항

❶ 채소, 편육, 황·백지단, 배는 0.3cm × 1cm × 4cm로 써시오.

❷ 밤은 모양대로 납작하게 써시오.

❸ 겨자는 발효시켜 매운맛이 나도록 하여 간을 맞춘 후 재료를 무쳐서 담고, 통잣을 고명으로 올리시오.

과정 한눈에 보기

재료 세척 → 겨자발효 → 고기 삶기 → 재료 썰기 → 버무리기 → 완성

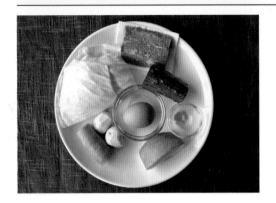

재료

양배추(길이 5cm) 50g
오이(가늘고 곧은 것, 길이 20cm) 1/3개
당근(곧은 것, 길이 7cm) 50g
소고기(살코기, 길이 5cm) 50g
밤(중, 생 것, 깐 것) 2개 / **달걀** 1개
배(중, 길이로 등분, 50g 정도) 1/8개
잣(깐 것) 5개

겨자가루 6g / **흰설탕** 20g / **소금**(정제염) 5g
식초 10ml / **진간장** 5ml / **식용유** 10ml

만드는 법

1 냄비에 물을 올린다.

2 그릇에 겨자가루 1큰술과 따뜻한 물 1큰술을 갠다.

3 갠 겨자를 끓는 냄비 뚜껑 위에 올려 발효시킨다.

4 고기는 핏물을 제거하고, 물이 끓으면 고기를 덩어리째 넣어 삶고 다 익으면 면포로 모양을 잡아 식힌다. **잠깐!** 젓가락으로 고기를 찔러 핏물이 나오지 않으면 다 익은 거에요.

5 배는 0.3×1×4cm로 썰고, 밤은 모양대로 납작하게 썰어 설탕물에 담근다.

6 양배추, 오이, 당근은 0.3×1×4cm로 썰어 찬물에 담근다.

7 식힌 고기는 0.3×1×4cm로 썬다.

잠깐! 고기는 식은 후 썰어야 부서지지 않아요.

8 달걀은 황백으로 나누어 소금을 약간 넣고 황·백 지단을 부쳐서 0.3×1×4cm로 썬다.

9 잣은 고깔을 떼어 놓는다.

10 발효시킨 겨자에 설탕 1큰술, 식초 1큰술, 소금, 물 약간, 간장 2방울을 넣어 겨자소스를 만든다.

준비한 재료들(양배추, 당근, 오이, 배, 밤)의 물기를 제거한다.

제출 직전 황·백지단을 제외한 재료에 겨자소스를 넣어 버무린 다음 황·백지단을 넣고 살살 버무린다.

완성그릇에 겨자채를 담고 잣을 고명으로 올린다.

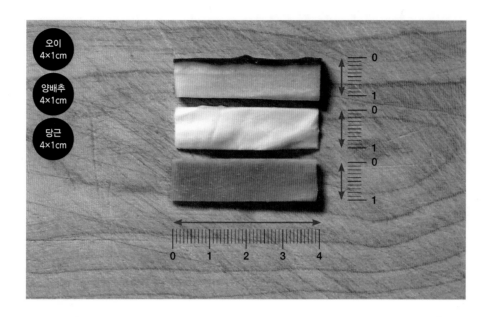

오이
4×1cm

양배추
4×1cm

당근
4×1cm

합격포인트

1_ 채소는 싱싱하게 아삭거릴 수 있도록 준비한다.
2_ 겨자는 매운 맛이 나도록 준비한다.
3_ 내기 직전에 버무려 숨죽지 않고 색이 살아있게 한다.

미나리강회

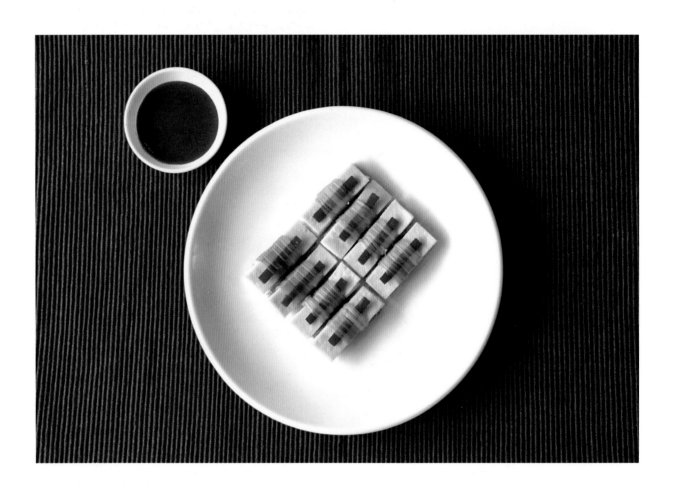

✖ 요구사항

❶ 강회의 폭은 1.5cm, 길이는 5cm로 만드시오.

❷ 붉은 고추의 폭은 0.5cm, 길이는 4cm로 만드시오.

❸ 달걀은 황·백지단으로 사용하시오.

❹ 강회는 8개 만들어 초고추장과 함께 제출하시오.

재료 세척 → 미나리 데치기 → 고기 삶기 → 재료 썰기 → 강회 만들기 → 초고추장 → 완성

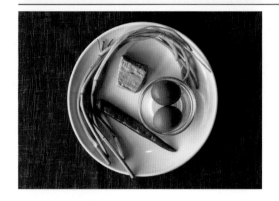

재료

소고기(살코기, 길이 7cm) 80g
미나리(줄기 부분) 30g / **홍고추**(생) 1개
달걀 2개

고추장 15g / **식초** 5ml / **흰설탕** 5g
소금(정제염) 5g / **식용유** 10ml

만드는 법

1

냄비에 물을 올려 소금을 조금만 넣고, 미나리
줄기 부분만 데쳐 찬물에 식힌다.

2

고기는 핏물을 제거하고, 냄비에 물을 올려 물이
끓으면 고기를 덩어리째 넣고 삶아 다 익으면 면
포로 모양을 잡아 식힌다.

잠깐! 편육은 끓는 물에서, 육수는 찬물에서부터 끓여요.

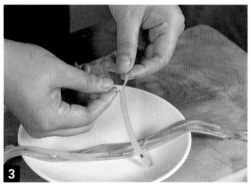

3

식힌 미나리는 물기를 제거하고 굵은 부분은 반
으로 갈라 준비한다.

4

홍고추는 반으로 갈라 씨를 제거한 후
0.5×4cm로 썬다.

5 식힌 고기는 두께 0.3cm, 폭 1.5×5cm로 썬다.

6 달걀은 황백으로 나누어 소금을 약간 넣고 도톰하게 부쳐서 폭 1.5×5cm로 썬다.

7 편육-백지단-황지단-홍고추를 함께 놓고 미나리로 중간지점에 3~4번 정도 돌돌 말아 풀리지 않게 감는다.

잠깐! 넓이가 1~2cm 정도로 미나리를 말아주세요.

8 초고추장(고추장 1큰술, 설탕 1/2큰술, 식초 1큰술, 물 1큰술)을 만든다.

9 완성접시에 미나리강회 8개를 담고 초고추장을 곁들인다.

합격포인트

1_ 각 재료 크기를 같게 한다.

2_ 색깔은 조화 있게 만든다.

3_ 미나리 감는 넓이를 일정하게 해야 모양이 예쁘다.

탕평채

짝꿍과제

표고전 20분		46p
홍합초 20분		39p
육원전 20분		50p
북어구이 20분		31p
두부조림 25분		68p
풋고추전 25분		61p

요구사항

① 청포묵은 0.4cm × 0.4cm × 6cm로 썰어 데쳐서 사용하시오.

② 모든 부재료의 길이는 4~5cm로 써시오.

③ 소고기, 미나리, 거두절미한 숙주는 각각 조리하여 청포묵과 함께 초간장으로 무쳐 담아내시오.

④ 황·백지단은 4cm 길이로 채 썰고, 김은 구워 부셔서 고명으로 얹으시오.

35분

🍳 과정 한눈에 보기

재료 세척 → 재료 손질 → 청포묵, 숙주, 미나리 데치기 → 지단 → 고기 볶기 → 초간장에 버무리기 → 완성

🥢 재료

청포묵(중, 길이 6cm) 150g
소고기(살코기, 길이 5cm) 20g
숙주(생 것) 20g / **미나리**(줄기 부분) 10g
달걀 1개 / **김** 1/4장 / **대파**(흰부분, 4cm) 1토막
마늘(중, 깐 것) 2쪽

진간장 20ml / **검은후춧가루** 1g / **참기름** 5ml
흰설탕 5g / **깨소금** 5g / **식초** 5ml
소금(정제염) 5g / **식용유** 10ml

📝 만드는 법

1 냄비에 데칠 물을 올린다.

2 청포묵은 0.3×0.3×6cm로 썬다.

잠깐! 묵은 투명해지면 두꺼워지므로 요구사항보다 더 얇게 자르세요.

3 숙주는 거두절미한다.

4 미나리는 잎을 떼고 줄기만 준비한다.

5 끓는 물에 청포묵, 숙주 순으로 데치고 헹구어 식힌 후 각각 소금, 참기름으로 밑간한다.

잠깐! 청포묵은 투명하게 데쳐야 해요.

6 미나리는 끓는 소금물에 데쳐서 헹군 후 물기를 제거하고 4~5cm 길이로 썰어 소금, 참기름으로 밑간한다.

7 파, 마늘은 곱게 다진다.

8 소고기는 5cm로 채 썰어 양념(간장 1작은술, 설탕 1/2작은술, 다진 파, 다진 마늘, 깨소금, 참기름, 후추)을 한다.

9 달군 팬에 김을 구운 후 비닐봉지에 담아 부순다.

10 달걀은 황백으로 나누어 소금을 넣어 지단을 부친 후 4cm로 채 썬다.

11 팬에 식용유를 약간 두르고 양념한 소고기를 볶는다.

12 초간장(간장 1작은술, 설탕 1/2작은술, 식초 1/2작은술)을 만든다.

13 청포묵에 먼저 초간장을 넣고 버무린 후 숙주, 미나리, 볶은 소고기를 버무려 완성그릇에 담는다.

잠깐! 묵이 잘 부서지니 가볍게 버무리세요.

14 부순 김과 황·백지단을 고명으로 얹어 완성한다.

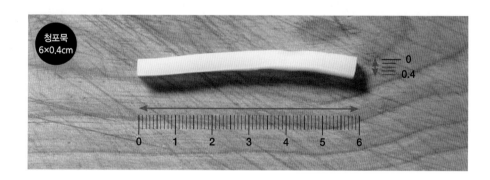

청포묵
6×0.4cm

0
0.4

0 1 2 3 4 5 6

합격포인트

청포묵은 일정한 굵기로 썰고 **강불에서 오래 데치지 않는다.**

화양적

📋 짝꿍과제

도라지생채 15분	25p
무생채 15분	22p
홍합초 20분	39p
두부젓국찌개 20분	42p
더덕생채 20분	28p
두부조림 25분	68p

✖ 요구사항

❶ 화양적은 0.6cm × 6cm × 6cm로 만드시오.

❷ 달걀노른자로 지단을 만들어 사용하시오.
　(단, 달걀흰자 지단을 사용하는 경우 실격 처리)

❸ 화양적은 2꼬치를 만들고 잣가루를 고명으로 얹으시오.

재료 세척 → 재료 썰기 → 도라지, 당근 데치기 → 지단 → 재료 볶기 → 꼬지 끼우기 → 잣가루 올려 완성

재료

소고기(살코기, 길이 7cm) 50g
건표고버섯(지름 5cm, 물에 불린 것) 1개
당근(곧은 것, 길이 7cm) 50g / **잣**(깐 것) 10개
오이(가늘고 곧은 것, 길이 20cm) 1/2개
통도라지(껍질 있는 것, 길이 20cm) 1개
산적꼬치(길이 8~9cm) 2개 / **달걀** 2개
대파(흰부분, 4cm) 1토막 / **마늘**(중, 깐 것) 1쪽

진간장 5ml / **검은후춧가루** 2g / **깨소금** 5g
참기름 5ml / **소금**(정제염) 5g / **흰설탕** 5g
식용유 30ml

만드는 법

1 냄비에 데칠 물을 올린다.

2 도라지는 껍질을 가로로 돌려가며 벗기고 0.6×1×6cm로 썬다.

3 당근도 0.6×1×6cm로 썬다.

4 물이 끓으면 소금을 약간 넣고 도라지와 당근을 데친 후 찬물에 식힌다.

5 오이는 0.6×1×6cm로 썰어 소금물에 절인다.

6 파, 마늘은 곱게 다진다.

7 불린 표고버섯은 0.6×1×6cm로 썰고, 소고기는 핏물을 제거하고 0.5×1×7cm로 썰어 칼등으로 연육한다.

잠깐! 소고기는 구우면 수축하니까 좀 더 길게 준비하세요.

8 간장양념(간장 1작은술, 설탕 1/2작은술, 다진 파, 다진 마늘, 후추, 깨소금, 참기름)을 만들어 표고버섯과 소고기에 양념한다.

9 달걀은 노른자만 사용하여 소금을 넣어 0.6cm 두께로 지단을 부쳐 1cm 폭으로 자른다.

잠깐! 흰자를 사용하면 오작이에요.

10 팬에 식용유를 두르고 수분을 제거한 도라지, 오이, 당근과 양념한 표고버섯과 고기를 순서대로 익힌다.

11

꼬치의 양끝을 1cm만 남기고 꼬치에 재료를 색 맞추어 끼운다.

잠깐! 꼬치에 식용유를 조금 바르면 재료가 잘 끼워져요.

12

잣은 고깔을 제거하고 곱게 다진다.

13

접시에 꼬치를 담고 잣가루를 올려 완성한다.

합격포인트

1_ 끼우는 순서는 색의 조화가 잘 이루어지도록 한다.

2_ 재료들을 꼬치에 끼우다 끊어질 수 있으므로 수량을 여유있게 만든다.

지짐누름적

🍴 요구사항

❶ 각 재료는 0.6cm × 1cm × 6cm로 하시오.

❷ 누름적의 수량은 2개를 제출하고, 꼬치는 빼서 제출하시오.

과정 한눈에 보기

세척 → 썰기 → 도라지, 당근 데치기 → 재료 볶기 → 꼬치 끼우기 → 달걀물 묻혀 지지기 → 꼬치 빼기 → 완성

재료

소고기(살코기, 길이 7cm) 50g / **쪽파**(중) 2뿌리
건표고버섯(지름 5cm, 물에 불린 것) 1개
통도라지(껍질 있는 것, 길이 20cm) 1개
당근(길이 7cm, 곧은 것) 50g
산적꼬치(길이 8~9cm) 2개 / **마늘**(중, 깐 것) 1쪽
대파(흰부분, 4cm) 1토막 / **달걀** 1개

밀가루(중력분) 20g / **식용유** 30ml
소금(정제염) 5g / **진간장** 10ml / **흰설탕** 5g
검은후춧가루 2g / **깨소금** 5g / **참기름** 5ml

만드는 법

1 냄비에 데칠 물을 올린다.

2 도라지는 껍질을 가로로 돌려가며 벗기고 0.6× 1×6cm로 썬다.

3 당근도 0.6×1×6cm로 썬다.

4 물이 끓으면 소금을 약간 넣고 도라지와 당근을 데친 후 찬물에 식힌다.

5

쪽파는 6cm 길이로 잘라 소금, 참기름에 무쳐 놓는다.

6

파, 마늘은 곱게 다진다.

7

불린 표고버섯은 0.6×1×6cm로 썰고, 소고기는 핏물을 제거하고 0.6×1×7cm로 썰어 칼등으로 연육한다.

잠깐! 소고기는 구우면 수축하니까 좀 더 길게 준비하세요.

8

간장양념(간장 1작은술, 설탕 1/2작은술, 다진 파, 다진 마늘, 후추, 깨소금, 참기름)을 만들어 표고버섯과 소고기에 양념한다.

9

팬에 식용유를 두르고 도라지, 당근, 표고버섯, 소고기 순으로 볶는다.

10

꼬치의 양끝을 1cm만 남기고 꼬치에 재료를 색 맞추어 끼운다.

잠깐! 꼬치에 식용유를 조금 바르면 재료가 잘 끼워져요.

11 달걀을 풀어 달걀물을 만든다.

12 재료를 끼운 꼬치를 밀가루, 달걀물 순으로 묻힌다.

13 달궈진 팬에 색이 나지 않게 지진다.

14 살짝 식힌 후 꼬치를 돌려가면서 뺀다

15 완성접시에 가지런히 담아낸다.

1_ 준비된 재료를 조화롭게 끼워서 색을 잘 살릴 수 있도록 지진다.

2_ 당근과 통 도라지는 식용유로 볶으면서 소금으로 간을 한다.

3_ 꼬치를 빼고 담아낸다.

잡채

요구사항

❶ 소고기, 양파, 오이, 당근, 도라지, 표고버섯은 0.3cm × 0.3cm × 6cm 로 썰어 사용하시오.

❷ 숙주는 데치고 목이버섯은 찢어서 사용하시오.

❸ 당면은 삶아서 유장처리하여 볶으시오.

❹ 황·백지단은 0.2cm × 0.2cm × 4cm로 썰어 고명으로 얹으시오.

😋 과정 한눈에 보기

재료 세척 → 숙주, 당면 삶기 → 재료 썰기 → 지단 → 재료 볶기 → 재료 섞기 → 지단 올려 완성

😋 재료

당면 20g / **소고기**(살코기, 길이 7cm) 30g
숙주(생 것) 20g
건표고버섯(지름 5cm, 물에 불린 것) 1개
건목이버섯(지름 5cm, 물에 불린 것) 2개
당근(곧은 것, 길이 7cm) 50g / **마늘**(중, 깐 것) 2쪽
양파(중, 150g) 1/3개 / **대파**(흰부분, 4cm) 1토막
오이(가늘고 곧은 것, 길이 20cm) 1/3개 / **달걀** 1개
통도라지(껍질 있는 것, 길이 20cm) 1개

흰설탕 10g / **진간장** 20ml / **식용유** 50ml
깨소금 5g / **검은후춧가루** 1g / **참기름** 5ml
소금(정제염) 15g

📝 만드는 법

1 냄비에 데칠 물을 올린다.

2 당면과 목이버섯은 따뜻한 물에 불려둔다.

3 숙주는 거두절미하고, 물이 끓으면 데쳐 찬물로 헹구고 물기를 제거한 후 소금, 참기름으로 밑간을 한다.

4 냄비에 물을 올리고 당면을 삶고, 당면이 익으면 건져 간장, 설탕, 참기름으로 양념한다.

잠깐! 당면이 길면 가위로 잘라주세요.

5 도라지는 가로로 껍질을 돌려가며 벗겨 0.3×0.3 ×6cm로 채 썰어 소금물에 주물러 쓴맛을 없애 고 물기를 제거한다.

6 오이는 돌려깎기한 후 0.3×0.3×6cm로 채 썰어 소금에 절인 후 물기를 제거한다.

7 양파는 6cm 길이로 곱게 채 썬다.

8 당근은 0.3×0.3×6cm로 채 썬다.

9 파, 마늘은 곱게 다진다.

10 불린 목이버섯은 찢고, 불린 표고버섯과 소고기 는 0.3×0.3×6cm로 채 썬다.

11 간장양념(간장 1큰술, 설탕 1/2큰술, 다진 파, 다진 마늘, 참기름, 깨소금, 후추)을 만들어 소고기와 표고버섯, 목이버섯에 양념한다.

12 달걀은 황백으로 나누어 소금을 약간 넣어 지단을 부친 후 0.2×0.2×4cm로 채 썬다.

13 팬에 식용유를 두르고 양파-도라지-오이-당근-목이버섯-표고버섯-소고기-당면 순서로 각각 볶는다.

잠깐! 양파와 당근을 볶을 때는 소금을 약간 넣어주세요.

14 데친 숙주와 볶은 재료에 통깨와 참기름을 넣고 버무린다.

15 완성접시에 버무린 잡채를 담고 황·백지단 고명을 얹어 보기 좋게 담아 완성한다.

합격포인트

1_ 주어진 재료는 굵기와 길이가 일정하게 한다.
2_ 당면은 알맞게 삶아서 간한다.
3_ 모든 재료는 양과 색깔의 배합에 유의한다.

배추김치

짝꿍과제

육회 20분	35p
표고전 20분	46p
두부젓국찌개 20분	42p

요구사항

❶ 배추는 씻어 물기를 빼시오.

❷ 찹쌀가루로 찹쌀풀을 쑤어 식혀 사용하시오.

❸ 무는 0.3cm × 0.3cm × 5cm 크기로 채 썰어 고춧가루로 버무려 색을 들이시오.

❹ 실파, 갓, 미나리, 대파(채썰기)는 4cm로 썰고, 마늘, 생강, 새우젓은 다져 사용하시오.

❺ 소의 재료를 양념하여 버무려 사용하시오.

❻ 소를 배춧잎 사이사이에 고르게 채워 반을 접어 바깥잎으로 전체를 싸서 담아내시오.

과정 한눈에 보기

재료세척 → 재료썰기 → 찹쌀풀 만들기 → 양념만들기 → 재료 양념 버무리기 → 배추 소 넣기 → 완성

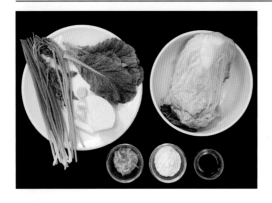

재료

절임배추(포기당 2.5~3kg) 1/4포기
무(길이 5cm 이상) 100g
실파(쪽파 대체가능) 20g
갓(적겨자 대체가능) 20g
미나리(줄기부분) 10g / **찹쌀가루**(건식가루) 10g
새우젓 20g / **멸치액젓** 10ml
대파(흰부분, 4cm) 1토막
마늘(중, 깐 것) 2쪽 / **생강** 10g

고춧가루 50g / **소금**(재제염) 10g / **흰설탕** 10g

만드는 법

1 배추를 씻어 속 부분이 밑으로 가도록 엎어 물기를 뺀다.

2 찹쌀가루 2큰술+물 1C을 넣고 풀을 쑤어 식힌다.

잠깐! 강불에서 풀을 쑤면 찹쌀이 충분히 익지 않고 덩어리져 김치에서 풋내가 날 수 있어요. 중불 이하에서 쑤어 식혀 주세요.

3 무는 0.3cm × 0.3cm × 5cm로 일정하게 채 썬다.

4 채 썬 무에 고춧가루를 1큰술 넣어 물들인다.

5 마늘, 생강, 새우젓은 곱게 다진다.

6 대파는 4cm 길이로 채 썬다.

7 갓(또는 적겨자), 미나리, 실파는 4cm 길이로 썬다.

8 찹쌀풀에 고춧가루를 1/4컵, 대파, 마늘, 생강, 새우젓, 소금, 액젓을 넣어 양념장을 만든다.

잠깐! 찹쌀풀에 고춧가루를 먼저 넣어두면 고춧가루가 불어 김치색이 더 예뻐요.

9 양념을 물들인 무에 넣어 버무린 다음 실파, 갓, 미나리를 섞어 소를 만든다.

10 소를 배춧잎 사이에 고르게 퍼서 넣는다.

11 소를 넣은 배추의 바깥 잎으로 전체를 감싸서 담아 완성한다.

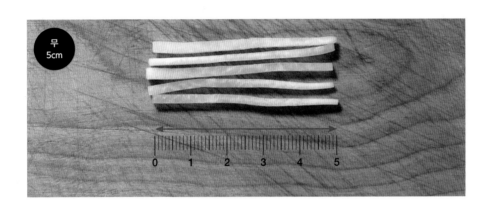

무
5cm

합격포인트

1_ 무채의 길이와 굵기를 일정하게 썬다.
2_ 찹쌀풀에 고춧가루를 충분히 불려 사용하고 김치색에 유의한다.
3_ 배추의 물기를 제거해야 김치가 싱겁지 않고 속에 양념이 깔끔하게 묻힌다.

40분

칠절판

짝꿍과제

도라지생채 15분	25p
두부젓국찌개 20분	42p
무생채 15분	22p
더덕생채 20분	28p

요구사항

❶ 밀전병은 지름이 8cm가 되도록 6개를 만드시오.

❷ 채소와 황·백지단, 소고기는 0.2cm × 0.2cm × 5cm로 써시오.

❸ 석이버섯은 곱게 채를 써시오.

🍲 과정 한눈에 보기

재료 세척 → 밀전병 반죽 → 재료 썰기 → 지단, 전병 부치기 → 재료 겹치지 않게 담기 → 완성

🍵 재료

소고기(살코기, 길이 6cm) 50g / **달걀** 1개
오이(가늘고 곧은 것, 길이 20cm) 1/2개
당근(곧은 것, 길이 7cm) 50g
석이버섯(부서지지 않은 것, 마른 것) 5g
대파(흰부분, 4cm) 1토막 / **마늘**(중, 간 것) 2쪽

밀가루(중력분) 50g / **진간장** 20ml
검은후춧가루 1g / **참기름** 10ml / **흰설탕** 10g
깨소금 5g / **식용유** 30ml / **소금**(정제염) 10g

✍ 만드는 법

1 석이버섯은 미지근한 물에 불린다.

2 밀가루 5큰술, 물 6큰술에 소금을 약간 넣어 체에 내려 밀전병 반죽을 만든다.

잠깐! 반죽을 미리 만들어두면 부드러워져 표면이 더 매끄럽게 부쳐져요.

3 파, 마늘은 곱게 다진다.

4 오이는 돌려 깎은 후 5cm 길이, 0.2cm 굵기로 채 썰어 소금에 절인다.

5 당근은 5cm 길이, 0.2cm 굵기로 채 썬다.

6 석이버섯은 소금으로 깨끗이 씻어 곱게 채 썰고 소금, 참기름으로 양념한다.

7 소고기는 5cm 길이, 0.2cm 굵기로 채 썬다.

8 간장양념(간장 1작은술, 설탕 1/2작은술, 다진 파, 다진 마늘, 참기름, 깨소금, 후추)을 만들어 채 썬 소고기에 양념한다.

9 달걀은 황백으로 나누어 소금을 약간 넣고 지단을 만든 후 5cm 길이, 0.2cm 굵기로 채 썬다.

10 팬에 식용유를 약간 두르고 키친타올로 닦아낸 후 밀전병 반죽을 2/3큰술씩 떠서 직경 8cm 크기로 둥글고 얇은 밀전병을 만들어 식힌다.

11

팬에 식용유를 두르고 오이-당근-석이버섯-소고기 순으로 볶는다.

12

접시 중앙에 밀전병을 담고 나머지 재료를 색이 겹치지 않도록 보기 좋게 담아낸다.

합격포인트

1_ **밀전병의** 반죽상태에 **유의한다.**
2_ **완성된 채소 색깔에 유의한다.**
3_ **밀전병의 크기를 일정하게 한다.**
4_ **재료의 채를 일정하게 자른다.**

비빔밥

✖ 요구사항

❶ 채소, 소고기, 황·백지단의 크기는 0.3cm × 0.3cm × 5cm로 써시오.

❷ 호박은 돌려깎기하여 0.3cm × 0.3cm × 5cm로 써시오.

❸ 청포묵의 크기는 0.5cm × 0.5cm × 5cm로 써시오.

❹ 소고기는 고추장 볶음과 고명에 사용하시오.

❺ 담은 밥 위에 준비된 재료들을 색 맞추어 돌려 담으시오.

❻ 볶은 고추장은 완성된 밥 위에 얹어 내시오.

재료 세척 → 청포묵 데치기 → 밥하기 → 재료 썰기 → 지단 → 고기 볶기 → 약고추장 → 완성

재료

쌀(30분 정도 물에 불린 쌀) 150g / **달걀** 1개
애호박(중, 길이 6cm) 60g / **소고기**(살코기) 30g
청포묵(중, 길이 6cm) 40g / **도라지**(찢은 것) 20g
고사리(불린 것) 30g / **건다시마**(5×5cm) 1장
대파(흰부분, 4cm) 1토막 / **마늘**(중, 간 것) 2쪽

식용유 30ml / **진간장** 15ml / **흰설탕** 15g
깨소금 5g / **고추장** 40g / **검은후춧가루** 1g
참기름 5ml / **소금**(정제염) 10g

만드는 법

1 냄비에 데칠 물을 올린다.

2 청포묵은 0.5×0.5×5cm로 채 썰어 끓는 물에 데친 뒤 찬물에 헹구고, 물기를 제거한 다음 소금과 참기름으로 무친다.

3 불린 쌀에 동량의 물을 넣어 밥을 고슬고슬하게 짓는다. **잠깐!** 뚜껑을 닫고 중불에서 끓기 시작하면 약불에서 7~8분 정도 불을 끄고 뜸을 5분 이상 들여요.

4 파, 마늘은 곱게 다진다.

5 도라지는 0.3×0.3×5cm로 채 썰고 소금에 주물러 쓴맛을 뺀 후 헹구어 물기를 제거한다.

6 애호박은 돌려깎기하여 0.3×0.3×5cm로 채 썰어 소금에 절이고 물기를 제거한다.

7 고사리는 5cm 길이로 썬다.

8 소고기 일부는 채 썰고, 나머지는 고추장 볶음용으로 다진다.

9 간장양념(간장 1큰술, 설탕 1작은술, 다진 파, 다진 마늘, 깨소금, 후추, 참기름)을 만들어 고사리와 채 썬 소고기, 다진 소고기에 양념한다.

잠깐! 파, 마늘은 도라지, 호박을 볶을 때도 사용해야 하니 간장양념에 모두 넣지 마세요.

10 다시마는 식용유에 튀겨서 잘게 부순다.

잠깐! 다시마는 너무 높은 온도에서 튀기면 쓴맛이 나고 탑니다. 130~140℃에서 서서히 튀기세요.

11 달걀은 황백으로 나누어 약간의 소금을 넣고 지단을 부쳐 5cm 길이로 채 썬다.

12 팬에 식용유를 두르고 도라지, 호박에 다진 파, 마늘을 넣어 각각 볶은 후 고사리, 소고기 순으로 각각 볶는다. **잠깐!** 도라지와 애호박에 반드시 다진 파, 마늘을 넣어 양념하여 볶으세요.

13 팬에 양념한 다진 소고기를 볶다가 고추장 1큰술과 설탕 1/2큰술, 참기름 약간, 물 1큰술을 넣어 부드럽게 볶아서 고추장 볶음을 만든다.

14 완성그릇에 편편하게 밥을 담고 그 위에 준비한 재료를 색 맞추어 돌려 담는다.

15 재료 중앙에 고추장 볶음과 튀긴 다시마를 얹어 완성한다.

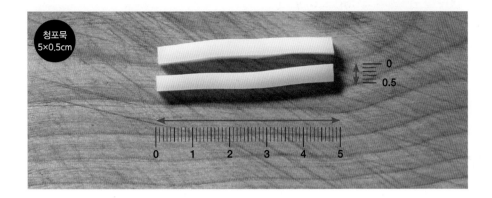

합격포인트

1__ 밥은 질지 않게 짓는다.
2__ 지급된 소고기는 고추장볶음과 고명으로 나누어 사용한다.
3__ 색이 겹치지 않도록 조화롭게 담아낸다.

혼공비법
실전부록

혼공비법 실전 10가지

혼공비법 레시피 요약

규격 암기용 재료 실사 카드

실제로 시험은 두 가지 과제를 제출해야 하니까 두 가지 과제를 만드는 실전 연습은 여길 보세요!

육원전

① 전은 지름 4cm, 두께 0.7cm
② 달걀은 흰자, 노른자를 혼합하여 사용
③ 육원전은 6개 제출

너비아니구이

① 완성된 너비아니는 0.5cm×4cm×5cm
② 석쇠를 사용하여 굽고, 6쪽 제출
③ 잣가루는 고명

조리 순서

두 과제의 재료가 적고, 시간이 지나도 물이 생기지 않으니 어느 것을 먼저 완성해도 상관없어요.
육원전은 고기 다지기, 너비아니구이는 고기 재단과 굽기에 신경 쓰세요.

만드는법

1. **파, 마늘** : 다지기
2. **배** : 강판 갈아 배즙 만들기
3. **두부** : 물기 제거 → 으깨기
4. **소고기**
   `너비아니구이` 0.4×5×6cm 잘라 칼등으로 연육
   → 배즙 뿌리기
   `육원전` 곱게 다지기
5. **너비아니 양념 만들기**
   간장 1T+설탕 1/2T+배즙+다진 파+다진 마늘+참기름+후추+
   깨소금 → 소고기 재우기
6. **육원전 완자 반죽**
   다진 소고기+으깬 두부+다진 파+다진 마늘+소금+참기름+
   후추+깨소금+설탕
   (고기와 두부의 비율=3:1)

7. **석쇠** : 너비아니 굽기(고기의 가장자리가 겹치도록 올려서)
8. **달걀물 만들기**
9. **육원전 완자**
   육원전 완자 만들기(직경 4.5cm, 두께 0.6～ 0.7cm) → 밀가루
   → 달걀물 → 약불에서 지지기 → 담기
10. **잣 다지기**
11. **너비아니 담고 잣가루 뿌리기**

전과정 한눈에 보기

30분

20분

혼공비법 실전 2탄

실제로 시험은 두 가지 과제를 제출해야 하니까 두 가지 과제를 만드는 실전 연습은 여길 보세요!

콩나물밥

① 콩나물은 꼬리를 다듬고 소고기는 채 썰어 간장양념
② 밥을 지어 전량 제출

두부젓국찌개

① 두부는 2cm×3cm×1cm
② 홍고추는 0.5cm×3cm, 실파는 3cm 길이
③ 소금과 다진 새우젓의 국물로 간하고, 국물을 맑게
④ 찌개의 국물은 200ml 정도 제출

조리 순서

콩나물밥의 재료를 먼저 준비하고 밥하는 동안 두부젓국찌개의 재료를 손질하도록 하세요.
단! 밥이 타지 않게 시간과 불 조절에 신경 쓰세요.
국물을 같이 내는 요리는 나중에 완성!

만드는법

1. **쌀** : 씻어서 체에 건져 놓기
2. **콩나물** : 꼬리 제거
3. **파, 마늘** : 다지기(마늘만 콩나물밥용, 두부젓국찌개용 나누기)
4. **소고기** : 5×0.3cm 굵기로 채 썰어 양념하기(간장, 다진 파, 다진 마늘, 참기름)
   ※ 깨소금, 설탕, 후추 NO
5. **밥하기** : 쌀 → 동량의 물 → 콩나물 → 소고기(중불 2~3분 → 약불 5~6분 → 5분 이상 뜸)

6. **두부젓국찌개 재료 손질**
   - 두부 : 2×3×1cm로 썰기
   - 실파 : 3cm
   - 홍고추 : 씨 제거 → 0.5×3cm
   - 새우젓 : 곱게 다져 면포에 짜서 국물 준비
7. **두부젓국찌개 끓이기**
   냄비(물 2C) → 소금 → 두부 → 굴, 새우젓, 다진 마늘 → 실파, 홍고추 → 불 끄고 참기름 2~3방울 → 담기

전과정 한눈에 보기

지짐누름적

① 각 재료는 0.6cm×1cm×6cm
② 누름적의 수량은 2개 제출, 꼬치는 빼서 제출

육회

① 소고기는 0.3cm×0.3cm×6cm로 썰어 소금 양념
② 배는 0.3cm×0.3cm×5cm로 변색되지 않게 하여 가장자리 돌려 담기
③ 마늘은 편으로 썰어 장식하고 고명을 잣가루로
④ 70g 이상의 완성된 육회를 제출

조리 순서

지짐누름적을 먼저 완성하고 육회는 나중에 완성하세요.
육회는 미리 완성하면 고기 핏물이 배에 물들어 보기 안 좋아요.
육회 고기는 자르자마자 설탕에 버무리는 것 잊지 마세요. 색이 선명, 핏물이 덜 나와요.

만드는법

1. **냄비에 데칠 물 올리기**(당근, 도라지)
2. **재료손질**
   - 당근, 도라지 : 0.6×1×6cm → 소금물에 데치기
   - 배 : 0.3×5cm 채썰기 → 설탕물 침지
     → 물기 제거
   - 마늘 : 편/다지기(마늘만 지짐누름적용, 육회용 나누기)
   - 파 : 다지기
   - 쪽파 : 6cm 길이 → 소금, 참기름
   - 표고 : 0.6×1×6cm 썰기
   - 소고기

지짐누름적 : 0.6×1×7cm 썰기

육회 : 핏물 제거 후 0.3×0.3×6cm 채썰기 → 설탕 버무리기

3. **표고, 소고기 양념하기** : 간장 1t, 설탕 1/2t, 다진 파, 다진 마늘, 후추, 깨소금, 참기름
4. **육회양념** : 소금, 참기름, 깨소금, 후추, 다진 파, 다진 마늘
5. **팬** : 도라지 → 당근 → 표고 → 소고기(지짐누름적용만)
6. **지짐누름적 마무리**
   당근, 소고기, 실파, 표고, 도라지 순으로 2개 꽂아 뒷면 밀가루
   → 달걀물 → 앞, 뒤로 지지기 → 식은 후 꼬치 빼서 담기
7. **잣** : 곱게 다지기
8. **육회 마무리**
   육회 양념 버무리기 → 완성 접시에 배 두르기 → 소고기 올리기 → 주위에 마늘 기대어 돌려 담기 → 잣가루 뿌려서 완성

전과정 한눈에 보기

25분 | 30분

혼공비법 실전 4탄

실제로 시험은 두 가지 과제를 제출해야 하니까 두 가지 과제를 만드는 실전 연습은 여길 보세요!

재료썰기

① 무, 오이, 당근, 달걀지단을 썰기 하여 전량 제출
② 무는 채썰기, 오이는 돌려깎기하여 채썰기, 당근은 골패썰기
③ 달걀은 흰자와 노른자를 분리하여 알끈과 거품을 제거하고 지단을 부쳐 완자(마름모꼴)모양으로 각 10개를, 나머지는 채썰기
④ 재료 썰기의 크기
   • 채썰기 – 0.2cm×0.2cm×5cm
   • 골패썰기 – 0.2cm×1.5cm×5cm
   • 마름모형 썰기 – 한 면의 길이가 1.5cm

오징어볶음

① 오징어는 0.3cm 폭으로 어슷하게 칼집, 4cm×1.5cm (단, 오징어 다리는 4cm 길이)
② 고추, 파는 어슷썰기, 양파는 폭 1cm

조리 순서

오징어볶음은 재료가 준비되면 볶아서 담으면 끝나는 요리입니다. 따라서 재료를 모두 준비해 놓은 다음 재료썰기를 시작하고 완성되면 마지막으로 오징어볶음 팬 작업을 하고 담으면 됩니다.

만드는법

1. **오징어** : 내장 제거, 껍질 제거 → 안쪽으로 0.3cm 간격으로 칼집 → 4.5×2cm로 자르기 → 오징어 다리 6cm로 자르기
2. **마늘, 생강** : 다지기
3. **오징어볶음용 재료 썰기**
   • 양파 : 1cm 너비로 썰기
   • 대파 : 어슷썰기
   • 풋고추·홍고추 : 어슷썰기 한 후 씨 제거
4. **양념장** : 고추장, 고춧가루, 설탕, 생강, 다진 마늘, 깨소금, 참기름, 후추, 간장
5. **무** : 5×0.2cm 채
6. **오이** : 돌려깎아 5×0.2cm 채
7. **당근** : 5×1.5×0.2cm 골패
8. **달걀** : 황·백지단 → 폭 1.5cm 마름모꼴 10개 → 5×0.2cm 채
9. **재료썰기 마무리** : 달걀, 무, 오이, 당근, 접시에 담아 재료썰기 완성
10. **오징어볶음 팬 작업** : 양파 → 오징어 → 양념장 → 풋고추, 홍고추, 대파 → 참기름 순서로 볶기 → 담기

전과정 한눈에 보기

실제로 시험은 두 가지 과제를 제출해야 하니까 두 가지 과제를 만드는 실전 연습은 여길 보세요!

비빔밥

① 채소, 소고기, 황·백지단의 크기는 0.3cm×0.3cm×5cm
② 호박은 돌려깎기하여 0.3cm×0.3cm×5cm
③ 청포묵의 크기는 0.5cm×0.5cm×5cm
④ 소고기는 고추장 볶음과 고명
⑤ 담은 밥 위에 준비된 재료들을 색 맞추어 돌려 담기
⑥ 볶은 고추장은 완성된 밥 위에 얹기

도라지생채

① 도라지는 0.3cm×0.3cm×6cm
② 생채는 고추장과 고춧가루 양념으로

조리 순서

데치기 1번! 밥짓기 2번!
밥을 지을 동안 재료손질은 한꺼번에 끝내고 비빔밥을 모두 마무리 한 후 도라지생채를 마무리 하세요.
밥이 탈 수 있으니 재료손질하면서 불에 신경쓰기~

만드는법

1. **냄비에 데칠 물 올리기**(청포묵)
2. **청포묵** : 0.4×0.4×5cm → 데치기 → 소금, 참기름
3. **밥 짓기** : 불린 쌀 1C, 물 1C+2큰술 → 중불 → 약불 7~8분 → 뜸들이기
4. **파, 마늘** : 다지기(비빔밥용, 도라지생채용 나누기)
5. **호박** : 돌려깎기 → 0.3×0.3×5cm → 소금
6. **도라지**
   - 비빔밥 찢어진 도라지 0.3×0.3×5cm → 소금
   - 도라지생채 통도라지 0.3×0.3×6cm
     → 소금으로 벅벅 문질러 부드럽게
7. **간장양념** : 간장 1T, 설탕 1t, 다진 파, 다진 마늘, 깨소금, 후추, 참기름

8. **고사리** : 5cm 길이로 썰기 → 간장양념
9. **소고기** : 0.3×0.3×5cm 채썰기 → 간장양념
   남은 것 다지기(볶은 고추장용) → 간장양념 (꼭꼭꼭!!! 구분!!!)
10. **생채양념** : 고추장 1T, 고춧가루 1t, 설탕 1t, 식초 1t, 다진 파, 다진 마늘, 깨소금
11. **팬** : 다시마 튀기기 → 황·백지단 → 도라지 → 호박 → 고사리 → 고기(채)
12. **볶은 고추장** : 고기(다진 것) → 고추장 1T, 설탕 1/2T, 참기름, 물
13. **비빔밥 마무리** : 황·백지단 0.3×0.3×5cm 썰기 → 다시마 부수기 → 비빔밥 담기
14. **도라지생채 버무려 담기**

전과정 한눈에 보기

혼공비법 실전 6탄

35분

실제로 시험은 두 가지 과제를 제출해야 하니까 두 가지 과제를 만드는 실전 연습은 여길 보세요!

더덕구이

① 더덕은 껍질을 벗겨 사용
② 유장으로 초벌구이 하고, 고추장 양념으로 석쇠구이
③ 완성품은 전량 제출

탕평채

① 청포묵은 0.4cm×0.4cm×6cm
② 모든 부재료의 길이는 4~5cm
③ 소고기, 미나리, 거두절미한 숙주는 각각 조리하여 청포묵과 함께 초간장으로 무치기
④ 황·백지단은 4cm 길이로 채썰고, 김은 구워 부셔서 고명

조리 순서

데칠 재료를 먼저 손질하고 더덕도 재빠르게 껍질 까고 소금물에 담가두세요. 여기서 팁! 더덕을 깔 때 진액이 나와서 손질이 힘들죠? 데칠 물 사용 후 더덕을 따뜻한 물에 씻어서 사용해 보세요. 손질이 쉬울 거예요. 석쇠구이는 기름칠 꼼꼼! 달궈서 사용하세요~ 그리고 재료가 석쇠를 뒤집다 떨어지지 않도록 주의!!!

만드는법

1. **냄비에 데칠 물 올리기**(청포묵, 숙주, 미나리)
2. **재료손질**
   - 청포묵 : 6×0.4cm 썰어 데치기
     → 소금, 참기름
   - 숙주 : 거두절미 → 데치기 → 소금, 참기름
   - 미나리 : 데치기 → 4~5cm 썰기
   - 더덕 : 껍질 벗긴 후 5cm 길이 자른 후 길이로 반 갈라 소금물 침지 → 방망이로 평평하게 펴기 → 유장처리 후(간장 1t, 참기름 1T) 애벌구이
   - 소고기 : 4~5cm 채 → 간장양념(간장 1t, 설탕, 다진 파, 마늘, 참기름, 깨, 후추)

3. **팬** : 김 굽기 → 황백지단 → 소고기 볶기
4. **황백지단** : 4cm 채
5. **김 부수기**
6. **초간장 만들기** : 간장 1t, 설탕 1/2t, 식초 1/2t
7. **고추장 양념장 만들기** : 고추장 1T, 설탕, 파, 마늘, 참기름, 깨
8. **더덕구이 마무리** : 애벌구이 더덕 → 고추장 양념 바르기 → 석쇠구이 → 담기
9. **탕평채 마무리** : 초간장에 버무려 담기(청포묵, 숙주, 소고기, 미나리) → 부순 김, 황백지단 올리기 → 담기

겨자채

① 채소, 편육, 황백지단, 배는 0.3cm×1cm×4cm
② 밤은 모양대로 납작하게
③ 겨자는 발효시켜 간을 맞춘 후 재료를 무쳐서 담고 잣은 고명

장국죽

① 불린 쌀을 반 정도로 싸라기
② 소고기는 다지고 불린 표고는 3cm의 길이로 채썰기

조리 순서

조리 순서에는 장국죽을 먼저 완성한 것처럼 보이지만 장국죽을 끓이는 중에 겨자채가 마무리 됩니다. 이 두 품목이 나온다면 어느 것을 먼저 완성해도 좋지만 장국죽은 시간이 지나면 떡처럼 굳어 버리기 때문에 제출 직전에 완성해서 제출하는 게 좋습니다. 혹시 장국죽을 빨리 끝내셨다면 제출 직전 한번 데워서 제출을 권해드립니다.

만드는법

1. **냄비에 물 올리기**(겨자가루 숙성, 겨자채 편육용)
2. **겨자가루 1T + 따뜻한 물 1T로 개어 발효**
3. **고기** : 끓는 물에 넣어 삶기
   → 식혀서 1×4×0.3cm로 썰기
4. **재료손질**
   ● 양배추, 오이, 당근 : 1×4×0.3cm로 썰기
     → 찬물 침지
   ● 밤 : 편 썰기 → 설탕물 침지
   ● 배 : 1×4×0.3cm로 썰기 → 설탕물 침지
   ● 잣 : 잣 고깔 제거
   ● 불린 쌀 : 싸래기 되게(면포 깔고 밀대 이용)
   ● 표고 : 3cm 채 썰기
   ● 소고기 : 다지기

5. **간장양념** : 간장 1작은술, 다진 파, 다진 마늘, 깨소금, 참기름, 후추 → 설탕 NO
6. **달걀** : 황백지단 → 1×4cm 썰기
7. **겨자소스** : 숙성겨자, 설탕, 식초, 간장, 소금
8. **장국죽 마무리** : 냄비(참기름) → 다진 소고기, 표고 → 불린 쌀 → 불린 쌀의 6배의 물 → 쌀알 퍼지면 → 간장 색 → 담기
9. **겨자채 마무리** : 겨자소스 버무려 담기
   → 잣 고명으로 올려 마무리

전과정 한눈에 보기

실제로 시험은 두 가지 과제를 제출해야 하니까 두 가지 과제를 만드는 실전 연습은 여길 보세요!

홍합초

① 마늘과 생강은 편으로, 파는 2cm
② 홍합은 데쳐서 전량 사용하고, 촉촉하게 보이도록 국물을 끼얹어 제출
③ 잣가루를 고명

완자탕

① 완자는 지름 3cm로 6개, 국물의 양은 200ml 이상 제출
② 달걀은 지단과 완자용으로 사용
③ 고명으로 황·백지단(마름모꼴)을 각 2개씩

조리 순서

공통재료지만 써는 법이 다르니 반드시 구분하세요. 완자탕의 완자는 밀가루와 달걀물을 최소한으로 묻혀야 깨끗한 완자를 만들 수 있으니 동영상을 확인하세요.

만드는법

1. **냄비에 데칠 물 올리기**(홍합)
2. **홍합** : 족사 제거 → 소금 → 씻어 건지기 → 데치기
3. **완자탕 육수** : 냄비 물 올리기(3C) → 소고기 일부, 마늘, 대파 (찬물부터) → 육수거르기 → 간장, 소금
4. **재료손질** ※ 공통재료 사용구분하기!!!
   ● 마늘

홍합초	편썰기
완자탕	다지기

   ● 파

홍합초	2cm 썰기
완자탕	다지기

   ● 생강 : 편썰기(홍합초)
   ※ 완자탕 : 파, 마늘을 육수에 일부, 나머지는 다져 완자 반죽에 사용

   ● 잣 : 다지기
   ● 두부 : 물기 제거 후 칼등으로 눌러 으깨기
   ● 소고기 : 곱게 다지기(육수용과 완자용 반드시 구분!)
   ● 황·백 지단 만들기 → 마름모 썰기
5. **완자 만들기** : 다진 소고기+두부, 다진 파, 마늘, 깨소금, 참기름, 설탕, 후추, 소금
   → 지름 3cm 완자 6개 만들기
   → 밀가루 → 달걀물 → 팬에 익히기
6. **홍합초 양념장** : 간장 1T, 설탕 1T, 물 1/4컵
7. **냄비** : 홍합초 양념장 → 끓으면 생강, 홍합, 마늘 → 대파 → 참기름, 후춧가루 → 담기 → 잣가루 뿌리기
8. **냄비** : 육수 끓으면 완자 넣어 살짝 끓여 내기 → 담기 → 황·백지단 올리기

화양적

① 화양적은 0.6cm×6cm×6cm
② 달걀노른자로 지단을 만들어 사용
   (단, 달걀흰자 지단을 사용하는 경우 오작 처리)
③ 화양적은 2꼬치를 만들고 잣가루 고명

생선전

① 생선을 세장 뜨기하여 껍질을 벗겨 포를 뜸
② 생선전은 0.5cm×5cm×4cm
③ 달걀은 흰자, 노른자를 혼합
④ 생선전은 8개 제출

조리 순서

화양적과 생선전 둘 중 어느 것을 먼저 완성해도 좋지만 같은 팬을 사용할 때 화양적에는 표고와 소고기 양념이 있으니 생선전을 먼저 완성하는 게 더 편하실 거예요.

만드는법

1. **냄비에 데칠 물 올리기**(당근, 도라지)
2. **재료손질**
   • 당근, 도라지 : 0.6×1×6cm → 소금물에 데치기
   • 오이 : 0.6×1×6cm → 소금물
   • 생선 : 3장 포 뜨기 후 껍질 제거
     → 6×5×0.4cm 두께로 8개 포 뜨기
     → 껍질 쪽에 소금, 흰 후추
   • 마늘 : 다지기(화양적용)
   • 파 : 다지기
   • 표고 : 6×1×0.5cm 썰기
   • 소고기 : 7×1×0.5cm 썰기

3. **표고, 소고기 양념하기** : 간장 1t, 설탕 1/2t, 다진 파, 마늘, 후추, 깨소금, 참기름
4. **생선전 마무리**
   포 뜬 생선 : 밀가루 → 계란물 입혀 지지기(팬)
   → 담기
5. **팬** : 황지단(꼬치용) → 도라지 → 오이 → 당근
   → 표고 → 소고기
6. **화양적 마무리**
   당근, 소고기, 오이, 지단, 표고, 도라지 순으로 2개 꼬치 끼우기 → 담기 → 잣가루 뿌리기

전과정 한눈에 보기

40분

혼공비법 실전 10탄

25분

실제로 시험은 두 가지 과제를 제출해야 하니까 두 가지 과제를 만드는 실전 연습은 여길 보세요!

칠절판

① 밀전병은 지름 8cm, 6개
② 채소와 황·백지단, 소고기는 0.2cm×0.2cm×5cm
③ 석이버섯은 곱게 채썰기

풋고추전

① 풋고추는 5cm로 정리하여 소를 넣고 지지기(단, 주어진 재료의 크기에 따라 가감)
② 풋고추는 반을 갈라 데쳐서 사용하며 완성된 풋고추전은 8개를 제출

조리 순서

파, 마늘, 소고기가 공통으로 들어갑니다. 파, 마늘은 둘 다 다지기 때문에 상관없지만 소고기는 썰기와 양념이 다르니 처음부터 구분해서 사용하세요^^ 그리고 풋고추전은 소가 빠져나오거나 지진 것처럼 누렇게 변하거나 타면 좋은 점수를 받기 힘드니 불 조절에 유의하세요~

만드는법

1. **냄비에 데칠 물 올리기**(풋고추)
2. **재료손질**
   - 풋고추 : 5cm 자르기 → 씨 제거 → 데치기
   - 오이 : 돌려깎기 → 0.2×0.2×5cm 채 썰기 → 소금에 절이기
   - 파, 마늘 : 다지기(칠절판용, 풋고추전용)
   - 당근 : 0.2×0.2×5cm 채 썰기 → 소금
   - 두부 : 으깨기
   - 석이버섯 : 불린 후 돌돌 말아 채 썰기 → 참기름, 소금
   - 소고기
     - 칠절판 0.2×0.2×6cm 채 썰기 → 간장양념(간장 1T, 설탕 1/2T, 다진 파, 다진 마늘, 깨소금, 후추, 참기름)
     - 풋고추전 곱게 다지기

3. **밀전병 반죽** : 밀가루 5T+물 6T+소금 → 체에 내리기
4. **풋고추전 소 만들기** : 다진 소고기+으깬 두부+다진 파+다진 마늘+소금+참기름+후추+깨소금+설탕
5. **풋고추전 마무리**
   풋고추 안쪽 밀가루 → 소 채우기 → 밀가루 → 달걀물 → 지지기(약불) → 담기(8개)
6. **팬** : 밀전병(8cm, 6개 이상) → 황·백지단 → 오이 → 당근 → 석이버섯 → 소고기 순으로 볶기(칠절판용)
7. **황·백 지단** 0.2×0.2×5cm로 돌돌 말아 채썰기
8. **칠절판 담기**

전과정 한눈에 보기

1

2

3

4

5

6

7

8

9

완성

한식조리기능사 실기
점선을 따라 잘라 활용하는
레시피 요약

무생채 　15분

1. 무 : 0.2×0.2×6cm 채 썰기
   → 체 친 고춧가루 물들이기

2. 양념장 만들기 : 식초, 설탕, 다진 파, 다진 마늘, 생강, 깨소금, 소금

3. 내기 직전 버무려 담기

도라지생채 　15분

1. 도라지 : 0.3×0.3×6cm 채썰기
   → 소금물에 주무르기
   → 물기 제거

2. 양념장 만들기 : 고추장, 고춧가루, 다진 파, 다진 마늘, 설탕, 식초, 깨소금

3. 내기 직전 버무려 담기

더덕생채 　20분

1. 더덕 : 껍질 벗긴 후 5cm 썰어 반으로 저미기
   → 소금물에 절이기
   → 물기 제거 후 방망이로 밀고 가늘게 찢기

2. 체 친 고춧가루에 물들이기

3. 양념장 만들기 : 다진 파, 다진 마늘, 식초, 설탕, 깨소금, 소금

4. 내기 직전 버무려 담기

북어구이

1. 북어포 : 물에 충분히 불린 후
   → 꼬리, 지느러미 손질
   → 껍질 쪽 잔칼집
   → 6cm 길이 3토막
   → 유장처리(간장, 참기름)
   → 애벌구이

2. 양념장 만들기 : 고추장, 설탕, 다진 파, 다진 마늘, 깨소금, 참기름, 후추

3. 북어에 양념장 발라 석쇠에 굽기

4. 담기

∗ 구워진 북어 5cm, 3개 제출

육회

1. 배 : 0.3×5cm 채썰기
   → 설탕물 침지 → 물기 제거

2. 마늘 : 편/다지기

3. 파 : 다지기

4. 소고기 : 핏물 제거 후 0.3×0.3×6cm 채 썰기
   → 설탕 1큰술

5. 양념 만들기 : 소금, 설탕, 참기름, 깨소금, 후추, 다진 파, 다진 마늘

6. 잣 : 곱게 다지기

7. 소고기 양념에 버무리기

8. 담기 / 잣가루 뿌리기

홍합초

1. 홍합 : 족사 제거 → 끓는 물에 살짝 데치기

2. 마늘, 생강 : 편
   흰 대파 : 2cm
   잣 : 곱게 다지기

3. 양념장 만들기 : 물 1/4C, 간장, 설탕

4. 냄비 → 양념장 끓으면 → 데친 홍합 → 생강, 마늘
   → 대파 → 참기름, 후춧가루

5. 담기 / 잣가루 뿌리기

두부젓국찌개

1. 두부 : 2×3×1cm로 썰기
   실파 : 3cm
   홍고추 : 0.5×3cm
   새우젓 : 곱게 다져 거즈에 짜서 국물 준비

2. 냄비(물 2C) → 소금 → 두부
   → 굴, 다진 마늘, 새우젓 → 실파, 붉은 고추
   → 불 끄고 참기름

3. 담기

표고전 20분

1. 불린 표고 : 물기 제거, 기둥 제거
   → 설탕, 참기름, 간장 약간

2. 두부 : 칼로 으깨기 → 물기 제거
   소고기 : 핏물 제거 후 곱게 다지기

3. 소 만들기 : 두부, 소고기, 소금, 설탕, 다진 파, 다진
   마늘, 깨소금, 참기름, 후추

4. 표고 안쪽 밀가루 → 소 넣기
   → 소 넣은 부분만 밀가루
   → 달걀물 → 약불에서 지지기

5. 담기

＊ **5개 제출**

육원전 20분

1. 소고기 : 핏물 제거 후 곱게 다지기
   두부 : 칼로 으깨기 → 물기 제거

2. 두부, 소고기, 다진 파, 다진 마늘, 깨소금, 참기름,
   후추, 소금, 설탕 섞어 치대기

3. 지름 4×0.7cm 두께로 6개 만들기

4. 밀가루 → 달걀물 → 약불에서 지지기

5. 담기

오이소박이 20분

1. 오이 : 소금으로 문질러 씻어 6cm 길이 3토막
   → 열십자 칼집 넣기
   → 소금물에 절이기

2. 부추 : 1cm 썰기

3. 소 양념 만들기 : 부추, 고춧가루, 다진 파, 다진 마
   늘, 다진 생강, 소금, 물 약간

4. 오이 씻어서 물기 제거 후 소 채우기

5. 담고 남은 소에 물, 소금 약간 넣어 국물 만들어 오
   이소박이에 부어주기

재료썰기 25분

1. 달걀 : 황·백지단 → 폭 1.5cm 마름모꼴 10개
   → 0.2×0.2×5cm 채

2. 무 : 0.2×0.2×5cm 채

3. 오이 : 돌려깎아 0.2×0.2×5cm 채

4. 당근 : 0.2×1.5×5cm 골패

5. 담기

풋고추전 25분

1. 풋고추 : 길이로 반으로 갈라 씨 제거 후 5cm 썰기
   → 끓는 소금물에 데쳐서 식히기

2. 소고기 : 곱게 다지기
   두부 : 칼로 으깨기 → 물기 제거

3. 소 만들기 : 두부, 소고기, 다진 파, 다진 마늘, 깨소금, 참기름, 후추, 설탕, 소금 약간

4. 풋고추 안쪽 밀가루 → 소 넣기
   → 소 넣은 부분에만 밀가루 → 달걀물
   → 약불에서 지지기

5. 담기

＊ 8개 제출

생선전 25분

1. 생선 : 3장 포 뜨기 후 껍질 제거
   → 0.5×5×4cm 두께로 8개 포 뜨기
   → 소금, 흰후추 뿌리기

2. 포 뜬 생선에 밀가루 → 달걀물 → 약불에서 지지기

3. 담기

두부조림 25분

1. 두부 0.8×3×4.5cm 썰기
   → 소금 약간 뿌리기 → 물기 제거

2. 대파(푸른 부분) : 2cm 채
   실고추 : 2cm

3. 양념장 : 간장, 설탕, 다진 파, 다진 마늘, 깨소금, 참기름, 후추, 물

4. 두부 : 노릇하게 지져내기

5. 냄비 → 두부, 양념장 넣고 국물 끼얹어 가며 조리기 → 고명 얹고 뜸 → 국물 촉촉하게 담기

＊ 8쪽 제출, 국물 약간

너비아니구이 25분

1. 배즙 만들기

2. 고기 0.4×5×6cm 두께로 썰기

3. 잣 : 곱게 다지기

4. 배즙 1T에 고기 재우기

5. 양념장 만들어 재우기(간장, 설탕, 배즙, 다진 파, 다진 마늘, 깨소금, 참기름, 후추)

6. 석쇠에 굽기

7. 접시에 담고 잣가루 뿌리기

＊ 6쪽 제출

제육구이

1. 제육 0.4×4×5cm 두께로 썰기

2. 고기 칼등으로 두드리기

3. 고추장 양념장 만들기(고추장, 설탕, 다진 파, 다진 마늘, 다진 생강, 후추, 깨소금, 참기름, 간장 약간)

4. 양념장에 돼지고기 재우기

5. 석쇠에 굽기

6. 담기

더덕구이

1. 더덕 : 껍질 벗긴 후 5cm 길이 자른 후 길이로 반 갈라 소금물 침지

2. 방망이로 평평하게 펴기

3. 유장처리(간장, 참기름) 후 애벌구이

4. 고추장 양념장(고추장, 설탕, 다진 파, 다진 마늘, 참 기름, 깨소금) 발라 석쇠에 굽기

5. 담기

생선양념구이

1. 조기 : 아가미, 내장, 비늘 제거, 지느러미 손질 → 생선 앞뒤를 2cm 간격으로 칼집을 어슷하게 세 번씩 넣기 → 소금 살짝 뿌린 후 → 물기 제거

2. 간장, 참기름 발라 → 애벌구이

3. 고추장 양념(고추장, 설탕, 다진 파, 다진 마늘, 참기 름, 깨소금, 후추) 발라 석쇠에 굽기

4. 담기(머리는 왼쪽으로 배 부분 아래쪽으로 오게끔)

장국죽

1. 불린 쌀 : 싸라기 만들기(밀대 이용)

2. 표고 : 3cm 채 → 양념

3. 소고기 : 다지기 → 양념
   ＊ 양념 : 간장, 다진 파, 마늘, 깨, 참기름, 후추
   → 설탕 NO

4. 냄비(참기름) → 다진 소고기, 표고 → 불린 쌀 → 불린 쌀의 6배의 물 → 쌀알 퍼지면 → 간장 색

5. 담기

콩나물밥 30분

1. 쌀 : 씻어서 체에 건져 놓기

2. 콩나물 : 꼬리 제거

3. 파, 마늘 : 다지기

4. 소고기 : 0.3×5cm 굵기로 채 썰어 양념하기
   (간장, 파, 마늘, 참기름)

5. 밥하기 : 쌀, 콩나물, 소고기 넣고 동량의 물
   (중불 → 약불 → 5분 이상 뜸)

6. 담기

섭산적 30분

1. 소고기 : 핏물 제거 후 곱게 다지기
   두부 : 면포로 물기 제거 후 으깨기

2. 소고기+두부에 다진 파, 다진 마늘, 설탕, 깨소금,
   후추, 참기름, 소금 양념 넣어 치대기

3. 두께 0.6cm, 사방 8~9cm로 네모지게 만들어 윗면
   에 잔 칼집

4. 석쇠에 섭산적 굽기

5. 잣은 곱게 다지기

6. 접시에 섭산적 사방 2×2cm로 9개 썰어 담고 잣가
   루 뿌리기

오징어볶음 30분

1. 오징어 : 내장 제거, 껍질 제거
   → 안쪽으로 0.3cm 간격으로 칼집
   → 4.5×2cm로 자르기
   → 오징어 다리 6cm로 자르기

2. 양파 : 1cm 너비로 썰기 / 대파 : 어슷썰기

3. 풋고추·홍고추 : 어슷썰기 한 후 씨 제거

4. 양념장 : 고추장, 고춧가루, 설탕, 다진 생강, 다진
   마늘, 깨소금, 참기름, 후추, 간장

5. 팬에 식용유 → 양파 → 오징어 → 양념장 → 풋고
   추, 홍고추, 대파 → 참기름, 통깨 순서로 볶기

6. 담기

생선찌개 30분

1. 생선 : 비늘, 아가미, 지느러미, 내장 제거
   → 4~5cm 토막(머리는 꼭 사용!)

2. 무, 두부 : 2.5×3.5×0.8cm

3. 애호박 : 0.5cm 반달모양

4. 쑥갓, 파 : 4cm 길이

5. 풋고추, 홍고추 : 0.3cm 어슷썰기(씨 제거)

6. 마늘, 생강 : 다지기

7. 냄비 → 물 3C(생선 크기에 따라), 고추장, 고춧가
   루, 무 넣고 물 끓으면 → 생선, 소금 → 호박, 두부
   → 홍고추, 풋고추, 마늘, 생강 → 실파, 쑥갓 → 담
   기

완자탕 （30분）

1. 소고기 : 일부 → 3C 찬물에 넣어 마늘, 대파 육수 끓이기 → 면보에 걸러놓기 → 육수 간장색, 소금 간 → 육수
   일부 → 곱게 다지기(꼭 구분!)

2. 두부 : 물기 제거 후 칼등으로 눌러 으깨기

3. 다진 소고기+두부, 다진 파, 다진 마늘, 깨소금, 참기름, 설탕, 후추, 소금
   → 지름 3cm 완자 6개 만들기
   → 밀가루 → 달걀물 팬에 익히기

4. 황·백 지단 만들기 → 마름모 썰기(각 2개씩)

5. 냄비 → 육수 → 끓으면 완자 넣어 살짝 끓여 내기

6. 그릇에 완자 담고 국물 부어주기
   → 지단 고명 띄우기

겨자채 （35분）

1. 겨자가루+따뜻한 물로 개어 발효

2. 고기 : 뜨거운 물에 넣어 삶기
   → 식혀서 0.3×1×4cm 로 썰기

3. 양배추, 오이, 당근 : 0.3×1×4cm로 썰기
   → 찬물 침지

4. 밤 : 편 썰기 → 설탕물 침지
   배 : 0.3×1×4cm로 썰기 → 설탕물 침지

5. 달걀 : 황·백지단 → 0.3×1×4cm 썰기

6. 잣 : 잣 고깔 제거

7. 겨자소스 : 숙성겨자, 설탕, 식초, 간장, 소금, 물

8. 겨자소스 버무려 담기 → 잣 고명으로 올리기

미나리강회 （35분）

1. 미나리 : 잎 제거 후 끓는 소금물에 데치기
   → 굵은 건 길이로 반 가르기

2. 소고기 : 끓는 물에 삶아 0.3×1.5×5cm 썰기

3. 홍고추 : 0.5×4cm

4. 황·백지단 : 1.5×5cm

5. 편육, 백지단, 황지단, 홍고추 순으로 올린 후 미나리로 3~4번 감아준다.

6. 담고 초고추장 곁들이기(고추장, 식초, 설탕, 물)

✳ 8개 제출

탕평채 （35분）

1. 청포묵 : 0.3×0.3×6cm 썰어 데치기 → 소금, 참기름

2. 숙주 : 거두절미 → 삶아 물기 제거 → 소금, 참기름

3. 미나리 : 데치기 → 4~5cm → 소금, 참기름

4. 황·백지단 : 4cm 채

5. 소고기 : 5cm 채, 양념(간장, 설탕, 다진 파, 다진 마늘, 참기름, 깨소금, 후추)하고 볶기

6. 김 : 구워서 부숴놓기

7. 초간장 만들기(간장, 설탕, 식초)

8. 초간장에 버무려 담기 → 부순 김, 황·백지단 올리기

화양적 35분

1. 오이 : 0.6×1×6cm 썰기 → 소금물에 절이기
2. 도라지 : 0.6×1×6cm 썰기 → 소금물에 데치기
3. 당근 : 0.6×1×6cm 썰기 → 소금물에 데치기
4. 소고기 : 0.5×1×7cm 썰기 → 양념
5. 표고 : 0.6×1×6cm 썰기 → 양념
6. 표고, 소고기 양념 : 간장, 설탕, 다진 파, 다진 마늘, 후추, 깨소금, 참기름
7. 달걀노른자+소금 약간 → 도톰하게 지단 만들기 → 0.6×1×6cm 썰기
8. 팬에 식용유 → 오이, 도라지, 당근, 표고, 소고기 순서로 볶기
9. 꼬치에 당근, 표고, 계란, 오이, 소고기, 도라지 순 → 2개 만들기 → 꼬치 양끝 자르기
10. 잣 : 곱게 다지기
11. 접시에 보기 좋게 담고 잣가루 뿌리기

지짐누름적 35분

1. 당근, 도라지 : 0.6×1×6cm → 소금물에 데치기
2. 표고 : 0.6×1×6cm 썰기 → 양념
3. 소고기 : 0.6×1×7cm 썰기 → 양념
4. 표고, 소고기 양념 : 간장, 설탕, 다진 파, 다진 마늘, 후추, 깨소금, 참기름
5. 쪽파 : 6cm 길이 → 소금, 참기름
6. 팬에 식용유 → 도라지, 당근, 표고, 소고기 순으로 익히기
7. 당근, 소고기, 실파, 표고, 도라지 순으로 2개 꽂아 뒷면 밀가루 → 달걀물 → 앞뒤로 지지기
8. 식은 후 꼬치 빼서 담기

잡채 35분

1. 물 올리고, 목이, 당면 미지근한 물에 불리기
2. 양파 : 60cm 채
3. 오이, 당근, 도라지 : 0.3×0.3×6cm 채 → 소금 절임 → 물기 제거
4. 불린 표고, 소고기 : 0.3×0.3×6cm 채 → 양념(간장, 설탕, 다진 파, 다진 마늘, 깨소금, 참기름, 후추)
5. 목이 : 불린 것 찢어 고기양념장
6. 숙주 : 거두절미 → 데치고 → 소금, 참기름
7. 당면 : 끓는 물에 삶기 → 헹군 후 → 간장, 설탕, 참기름
8. 황·백지단 : 0.2×4cm 채
9. 팬에 식용유 → 양파 → 오이 → 도라지 → 당근 → 목이 → 표고 → 소고기 → 당면 순으로 각각 볶기
10. 9의 재료+데친 숙주+참기름, 통깨 넣어 버무리기
11. 담기(황·백지단채 얹기)

배추김치 35분

1. 절인 배추는 씻어 물기를 뺀다.
2. 찹쌀가루 2T+물 1C → 찹쌀풀 쑤기
3. 무 : 0.3×0.3×5cm 채 썰기 → 체 친 고춧가루 물들이기
4. 대파 4cm 채 썰기
5. 실파, 갓, 미나리 4cm 길이로 썰기
6. 마늘, 생강, 새우젓 다지기
7. 양념장 만들기 : 찹쌀풀, 고춧가루 1/2C, 대파, 마늘, 새우젓, 소금
8. 소 만들기 : 7 양념장에 실파, 대파, 미나리, 갓 섞기
9. 배춧잎 사이에 소 골고루 펴서 넣기
10. 배추 바깥 잎으로 전체를 감싸 완성

칠절판

40분

1. 오이 : 0.2×5cm 채 → 소금 절임 → 물기 제거
   당근: 0.2×5cm 채
2. 석이 : 불린 후 채 → 소금, 참기름
3. 소고기 : 0.2×5cm 채
   → 양념(간장, 설탕, 다진 파, 다진 마늘, 깨소금, 참기름, 후추)
4. 밀가루 5T, 물 6T, 소금 약간 → 체에 내린 후
   → 직경 8cm, 밀전병 6개 만들기
5. 황·백지단 : 0.2×5cm 채
6. 팬에 식용유 → 오이 → 당근 → 석이
   → 소고기 순서로 볶기
7. 가운데 밀전병 담고 가장자리에 재료 돌려 보기 좋게 담기

비빔밥

50분

1. 데칠 물 올리기
2. 쌀 : 씻어서 체에 건져 놓기 → 밥하기
3. 청포묵 : 0.5×0.5×5cm 채 → 데치기 → 소금, 참기름
4. 호박 : 0.3×0.3×5cm 채 → 소금 절임 → 물기 제거
5. 도라지 : 0.3×0.3×5cm 채 → 소금 절임 → 물기 제거
6. 소고기 : 0.3×0.3×5cm 채
   → 양념(간장, 설탕, 다진 파, 다진 마늘, 참기름, 후추, 깨소금) → 일부 다지기(약고추장용) → 양념 약간
7. 고사리 : 5cm → 양념 약간
8. 황·백지단 부치기 : 0.3×5cm 채
9. 다시마 튀겨 부수기
10. 팬에 식용유 → 도라지(파, 마늘) → 호박(파, 마늘) → 고사리 → 소고기 순서로 볶기
11. 약고추장 : 다진 소고기+고추장, 설탕, 참기름, 물
12. 밥 위에 재료 돌려 담고 위에 약고추장, 다시마 올리기

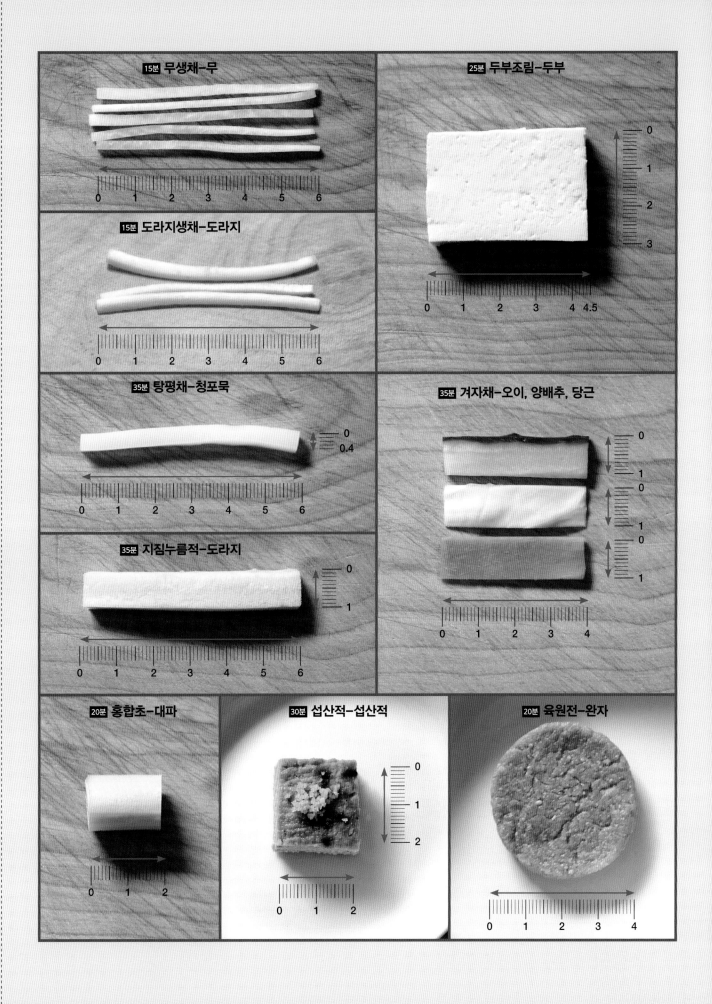

15분 무생채-무

15분 도라지생채-도라지

25분 두부조림-두부

35분 탕평채-청포묵

35분 지짐누름적-도라지

35분 겨자채-오이, 양배추, 당근

20분 홍합초-대파

30분 섭산적-섭산적

20분 육원전-완자

20분 북어구이-북어

25분 풍고추전-풋고추

25분 너비아니구이-너비아니

30분 생선찌개-무

30분 제육구이-제육

35분 미나리강회-지단

50분 비빔밥-청포묵

20분 두부젓국찌개-두부